PLL/PWM Motor Speed Controller

FPGAによる
PLLモーション制御

町田秀和 著

Ohmsha

本書に掲載されている会社名・製品名は，一般に各社の登録商標または商標です．

本書を発行するにあたって，内容に誤りのないようできる限りの注意を払いましたが，本書の内容を適用した結果生じたこと，また，適用できなかった結果について，著者，出版社とも一切の責任を負いませんのでご了承ください．

本書は，「著作権法」によって，著作権等の権利が保護されている著作物です．本書の複製権・翻訳権・上映権・譲渡権・公衆送信権（送信可能化権を含む）は著作権者が保有しています．本書の全部または一部につき，無断で転載，複写複製，電子的装置への入力等をされると，著作権等の権利侵害となる場合があります．また，代行業者等の第三者によるスキャンやデジタル化は，たとえ個人や家庭内での利用であっても著作権法上認められておりませんので，ご注意ください．

本書の無断複写は，著作権法上の制限事項を除き，禁じられています．本書の複写複製を希望される場合は，そのつど事前に下記へ連絡して許諾を得てください．

出版者著作権管理機構
（電話 03-5244-5088, FAX 03-5244-5089, e-mail: info@jcopy.or.jp）

JCOPY ＜出版者著作権管理機構 委託出版物＞

まえがき

最近，ふたたび FPGA が注目されてきています．FPGA というのは Field Programmable Gate Array の略称で，その場で書き換え可能な大規模ゲートアレー IC という意味です．その特徴は，

①ラピッド・プロトタイピング（現場で大規模 IC を試作し評価する）
②タイム・ツー・マーケット（FPGA でいち早く製品を実現し，新製品としてシェアを握る）
③リアルタイム・リコンフィギュレーション（ハードウェア回路の再構成）

といったことがあげられます．

本書では，実際に著者が経験したディジタルコントローラの設計における，その効果を紹介します．とても簡単な手順で，所望の回路を実現できることがわかると思います．

第 1 章「FPGA とは」では，そもそも FPGA とはどういうデバイスであるかということと，その用途例そして実際の開発手順を紹介し，第 2 章「ディジタル回路とツール」では，それさえポイントを押さえれば必ず実用的な回路を設計できるようになる「同期回路設計法」の解説とその演習を行います．

そして第 3 章「FPGA による応用回路設計」では，アイディア次第で面白い「ガジェット」を実現できる例を，ラジコンサーボドライバ，ロータリエンコーダカウンタ，そしてストロボ（パルス）発光器，そしてディジタル砂時計，ディジタル LED 針式時計で紹介します．実は，これらの回路要素は本書の主題である第 4 章の PLL モーション制御の構成要素となっています．

第 4 章「PLL モーション制御」では，まずモーション制御とはなにかについて説明します．簡単にいうと，トルク，速度，位置などの「動き」の制御で，ロボットなどのメカトロニクスの基幹技術です．そして，筆者の約 30 年来の主な研究テーマである PLL（位相同期系）でのフルモーション（一定速度に加えて加減速にも対応）制御を解説します．

PLL とは，単純には水晶発振器精度の入力パルスに，出力であるモータエンコーダの回転パルスをピタリと厳密に一致させる制御法なので，その位相偏差すなわち入出力パルスの立上

りタイミングの時間差を極小にします．ですので，どうしてもハードウェア（ディジタル回路）の高速性が必須で，その研究開発には FPGA の威力が存分に発揮できました．

　最後に，第5章「FPGA の IoT への活用事例」を紹介しています．サイバーフィジカルシステムの重要要素として特に注目されている IoT ですが，既存の「モノをインターネットにつなげる」という観点から，数字表示パネルの7セグメント LED を逆エンコードするという，突拍子のない回路も実現できてしまうという例です．もちろん，IoT でデータを収集すれば，その次は AI（ディープラーニング，機械学習）が待ち構えていますが，実はエッジコンピューティングといって，現場で処理をするときに FPGA が注目されています．

　注目される一方，すでに回路に習熟した技術者からは「わざわざ FPGA を使うメリットはなに？」ということもよく聞かれます．そこで，以下のようにメリットをまとめてみました．もちろん，十分に間に合っている実現手段がほかにあればそれでいいのですが，さらに追及できる手段があるということです．

- **高速性**　　専用演算器やアーキテクチャ（画像処理など）が実装できます．そして現代的な時間軸での演算（PWM や $\Delta\Sigma$ 変調器），簡単にいえば1ビット信号処理が可能です．本書で扱う PLL モータ制御回路はまさにその威力が発揮される好例です．
- **ラピッド・プロトタイピング**　　自分オリジナルの回路をその場で実現できます．
- **在庫リスク解決や復活**　　FPGA は実現手段なので，生産中止になった（あるいはなる予定の）IC を復活することができます．たとえば，MSX パソコン（Z80）を FPGA で復活させた例があります．ただそれだけのことではなく，高速に甦るのもポイントです．
- **タイム・ツー・マーケット**　　専用 IC（ASIC）を作らず，FPGA による実現のままでいち早く市販化できます．新たに ASIC を製造するよりも安く上がる可能性は大きいです（数千，数万個くらいなら FPGA に分があります）．
- **（リアルタイム）リコンフィギュレーション**　　FPGA は「書き換え可能な大規模ゲートアレー IC」ですから，FPGA に実装された回路を最新の回路（ファームウェアでなく回路そのもの）に置き換えることができます．パソコンで CPU を交換するようなものと思えばいいでしょう．実際に，ネットワーク機器で有名な Cisco 社は，この方法（FPGA アップデート）をとっています．

　本書で取り扱う Intel 社純正 FPGA（MAX 10）評価ボードは，内蔵されている EEP-ROM に回路情報を書き込めるので，電源を OFF しても回路情報が消えません．つまり，単体で1つの専用 IC（ASIC）として使えます（従来は SRAM に書き込んでいたので，外付け EEP-ROM が必要でした）．

　また，MAX 10 は A/D 変換機能付で，この純正評価ボードには Arduino ヘッダや LED，SW も付いています．これ1台でギターのエフェクタなども作れてしまいます．D/A 変換はどうするかというと，R-2R ラダー抵抗（集合抵抗タイプもある）を使うか，自分で $\Delta\Sigma$ 変調

器を内部に作って，ディジタルアンプにすることができます．

　FPGA でなにを作る（実現する）かは，あなたのアイディア次第です．FPGA は，それを即座に試すことができます．ぜひ FPGA 開発スキルを身につけて，あなただけの回路をつくってください．

　2019 年 6 月

町田　秀和

目　次

まえがき iii

第 1 章　FPGA とは　　　　　　　　　　　　　　　　　　　　　1

1.1　FPGA のメリット 1

1.2　半導体とダイオード，大規模 IC 2

　　1.2.1　半導体の基礎 2

　　1.2.2　ASIC の分類 8

1.3　書込可能 IC とは 9

1.4　FPGA の用途 12

1.5　本書で扱う FPGA 評価ボードおよび EDA ツール 14

　　1.5.1　FPGA 評価ボードなど 14

　　1.5.2　EDA ツールの使い方，書き込み方法 17

第 2 章　ディジタル回路設計とツール　　　　　　　　　　　　51

2.1　FPGA による回路設計の流れ 51

2.2　ディジタル回路の同期設計 53

2.3　回路図とハードウェア記述言語，高位合成 56

2.4　回路図による回路開発演習 58

　　2.4.1　半加算器から全加算器を作る 58

　　2.4.2　N ビット入力加算器 60

　　2.4.3　PWM 波形発生器による LED の明度コントローラ 62

第 3 章　FPGA による応用回路設計　　　　　　　　　　　　　67

3.1　ラジコン用サーボモータドライバの設計 68

3.2　ロータリーエンコーダカウンタの設計製作（ラジコンサーボの指令も含む）... 74

3.3　DDS とパルス発生器・ストロボ発光器の設計製作 80

3.4　ディジタル砂時計の設計製作 86

3.5　ディジタル LED 針式時計の設計製作 92

第 4 章　PLL モーション制御　97

4.1　モーション制御とはなにか 97
4.1.1　従来のアナログコントローラを FPGA によりディジタル実現する 98
4.1.2　PID 制御の FPGA 実現 99
4.2　PLL とはなにか 101
4.2.1　PLL の三要素（位相比較器，ループフィルタ，電圧制御発振器）.......102
4.2.2　位相余裕に基づくループフィルタの設計 106
4.2.3　PWM 信号演算に基づくディジタル実現（ループフィルタの PWM 信号演算）.......109
4.3　二重 PLL/PWM モータ速度制御系の設計 117

第 5 章　FPGA の IoT への活用事例　121

5.1　IoT とはなにか 121
5.2　FPGA の IoT 活用 121

おわりに　125

本書でなにができるようになったか 125
本書の次のステップ 126
結　び 126

付　録　129

付録 A.1　Intel 社 Quartus Prime Lite Edition のインストール方法 129
付録 A.2　VHDL かんたん解説 141
A.2.1　HDL 設計のキーポイント 141
A.2.2　VHDL かんたん解説 142
付録 A.3　ディジタル砂時計の VHDL ソースリスト 148
付録 A.4　PLL/PWM モータ制御系の VHDL ソースリスト 165
付録 A.5　MAX 7128S 評価ボード 173

索　引 176

第1章

FPGA とは

1.1　FPGA のメリット

　本書のはじめの章として，まずは FPGA がはじめてという方向けに FPGA とはどういうもので，どのように使うことができるかについてやや足早に説明していきます．FPGA の基本は知っているよ，という方も一度は軽く目を通して，本書で扱う環境を確認していただければと思います．

　FPGA とは，Field Programmable Gate Array の略称で，書き込める素子（Program-mable Device）です．Field Programmable とは「現場で書き込める」という意味ですが，Gate Array というのはなんでしょう．また，書き込める素子とは，どのようなものがあるでしょうか．これらについてはこれから学ぶとして，まずは FPGA を使う上でのメリットを説明します．

　FPGA は，技術的には「その場で実現することができる超大規模ディジタル IC（集積回路）」に過ぎません．ところが，そのメリットは，以下のように大変大きいものがあります．

（1）迅速な試作（Rapid Proto-typing）

　研究室（実験室）で回路を即座に書き込んで実現できます．これは，あたりまえのようですが，マイコンのようにソフトウェア（実際には，コンパイルされた機械語）をロードするのではなく，「回路を書き換える」のです．FPGA の場合は，基本的に配置配線情報は SRAM に書き込まれますから，電源を供給しないと，せっかく書き込んだ回路が消えてしまいます．そこで通常，外付けの Serial-EEP-ROM に書き込み，電源 ON 時に自動的にそれを再書き込みするようになっています．このコンフィギュレーション用 Serial-EEP-ROM は，最近では FPGA チップ内に組み込まれることがあり，大変使いやすくなってきています．

（2）そのまま市販化（Time to Market）

FPGA は書き込みのための回路と SRAM が存在するので，純粋な Gate Array IC よりも高価で，サイズも大きくなると考えられます．しかし現在では微細加工技術の進展により，それは問題ではなくなりつつあります（逆にいえば，純粋な Gate Array はもう意味がないということです）．したがって，FPGA 自体を製品に組み込んでしまうことが実際に行われています．

わざわざフォトマスクを使った LSI を設計・製造する必要がないため，数万〜数十万個の製品数ならば FPGA のほうがリーズナブルだといわれています．Time to Market とは，FPGA で実現することにより，他社よりいち早く新製品を発表し，市場シェアを握ってしまったものが勝ちだという意味です．

（3）その場で（組み込まれたまま）更新/回路変更（Real Time - Reconfigurable capability）

これこそ FPGA の本来の威力です．機器に組み込んだまま再構成（Reconfiguration）できる（ISP：In System Programming）のですから，回路を適宜，最新の状態にバージョンアップすることができます．これはコンピュータのファームウェア更新と同じように，回路構成自体を変更できるということです．新しいアーキテクチャをもつように CPU を書き換えられるといったほうがわかりやすいかもしれません．

1.2　半導体とダイオード，大規模 IC

本節では FPGA の事前知識となる，ディジタル回路の知識の確認をします．すでに十分な知識があるという方は次の節に進んでください．

1.2.1　半導体の基礎

FPGA を含むディジタル回路を学ぶ上で基本となるのは，半導体を用いた電子回路です．半導体の動作原理を，以下に示します．

(1) 図 1.1 に示すように，共有結合しているシリコン原子に（ほとんど導通しない），
(2) ごく微量の不純物を添加（ドーピング）し，
(3) 自由電子，あるいはその不足分の正孔（ホール）に電界を加えることによってわずかに電流を流す．
(4) この p 形（ホールが多いのでプラス）および n 形（自由電子が多いのでネガティブ）といわれる半導体を「複数組み合わせること」で電流（の向きや大きさ）を制御する．

以下では，電子回路を構成する半導体素子を，構造によって分類して説明します．

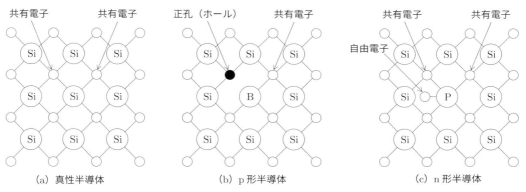

図 1.1 シリコン原子の共有結合と不純物添加による，自由電子あるいはホール

（1）pn 接合ダイオード

　p 形の半導体と n 形の半導体を接合した pn 接合ダイオードの動作について説明します．まず図 1.2（a）に示すように，p 形側の端子をアノード（陽極），n 形側の端子をカソード（陰極）といいます．ここで図 1.2（b）のようにアノードにプラス，カソードにマイナスの電圧を加えると，接合面を超えて自由電子と正孔が交換され，電流が流れます．このような電圧のか

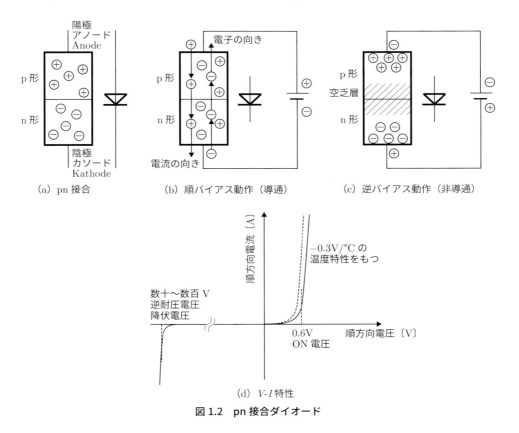

図 1.2 pn 接合ダイオード

け方を順方向あるいは順バイアスといいます．逆に図 1.2（c）のようにアノードにマイナス，カソードにプラスの電圧を加えると，自由電子および正孔は電極側に寄せられるので電流は流れません（逆バイアス）．

ここで，順バイアスで接合面を超えて電流が流れるためには，図 1.2（d）の第 1 象限（右上）のように，約 0.6 V の電圧バンドギャップが必要です．また，それを超えると一気に流れる電流が増え，さらに電圧を高くすると電流が流れすぎて発熱して燃えてしまいます．ですから，ダイオードが使われるときは，必ず直列に「電流制限／電圧降下」のための負荷（抵抗）を接続します．負荷から見ると，ダイオードの約 0.6 V の動作電圧はロスになります．また，流せる電流にも限度があり最大定格値として示されています．

（2）接合形トランジスタ

次に，npn 形あるいは pnp 形といわれる接合形トランジスタ（バイポーラトランジスタ）ではどうでしょうか．これは**図 1.3**のような構造になっています．単純化して考えると，ダイオードがそれぞれ逆向きに接続されている「ように」見えます．図 1.3 で真ん中の層の端子をベース（B），上側をコレクタ（C），下側をエミッタ（E）といいます．エミッタ層は不純物濃度が高くなっているので，コレクタとは交換はできません（本書では詳細な説明は行いませんが，電流増幅率を稼ぐためです）．

では，バイポーラトランジスタの最も基本的な使い方である図 1.3（c）のエミッタ接地増幅回路を見てみましょう．エミッタが接地されていて，ベースにプラスの入力バイアス電圧 V_{BE}，コレクタに負荷抵抗 R を介してプラスの電圧 V_{CE} が加わっています．

ここで，ベース−エミッタ間は pn 接合のダイオードですから，ベース−エミッタ間電圧 V_{BE} が 0.6 V になるとベース電流 I_B が流れます．このとき，p 形の薄いベース層には n 形のエミッタ層から電子が流れ込んできます．ここで，コレクタにもプラス電圧がかかっているので，この電子が薄いベース層を突き抜けてコレクタに流れ込んでいきます．コレクタからベースは np 接合ですので，本来は電流が流れるはずはないのですが，自由電子がキャリアとして流してくれるのです．つまり pn 接合の自由電子と正孔の再結合によって電流が流れるわけではないので，なんとコレクタ−エミッタ間電圧 V_{CE} は 0.6 V 未満（$V_{CE(sat)}=0.1$ V の品種もある）でもコレクタ電流が流れます．このあたりが半導体の性質の最も面白いところの一つです．ただしそれは V_{BE} が 0.6 V になって，ベース−エミッタ間に電子が流れているからこそということを忘れてはいけません．

（3）MOSFET

現在，ディジタル IC に使われているトランジスタは，ほとんどが**図 1.4**の MOSFET です．バイポーラトランジスタとは構造が異なり，p 形半導体（Semiconductor）の母材の上に，n 形半導体のウェル（井戸）が 2 つあり，その間のチャネル（Channel）の上側に絶縁体（Oxide），さらにその上に金属（Metal）があり，上から順に M-O-S と重なっています．端子

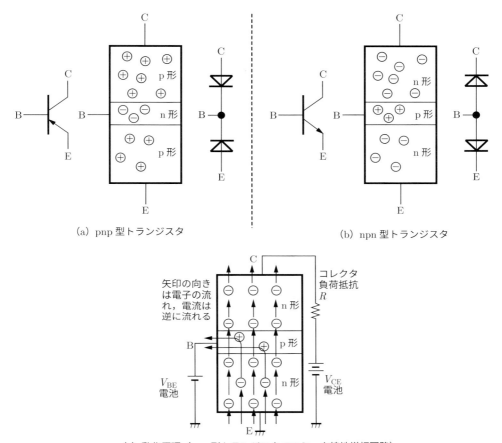

図 1.3　pnp 形および npn 形トンランジスタ（バイポーラトランジスタ）

のうち 2 つはウェルに接続されており，それぞれドレイン（Drain）とソース（Source）と呼びます．ソースは母材（Substrate）にも接続されています．そして，チャネルの上の金属にゲート（Gate）端子があります．

　動作としては，ゲート–ソース間に順方向電圧を加えると，チャネル部分が p 形から n 形に反転し，ドレイン–ソース間に電流が流れます．電流の流れる経路がドレイン（n），ゲート（n），ソース（n）とすべて n 形となり，これを nMOS（n チャネル MOS トランジスタ）と呼びます．この動作のすべての p，n が逆になったものを，pMOS（p チャネル MOS トランジスタ）と呼びます．

　図 1.5 に MOSFET への電圧のかけ方を示します．自由電子のほうがホールより動きやすいので，n 形のほうが p 形より 3 倍高速です．

　MOSFET の特徴を以下に示します．

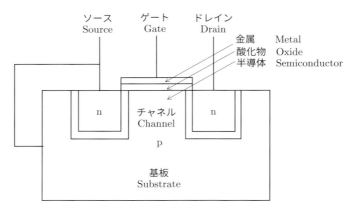

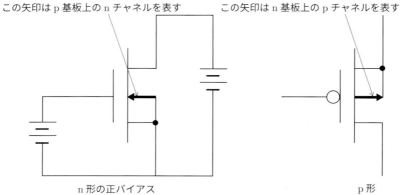

図 1.4 MOSFET の構造

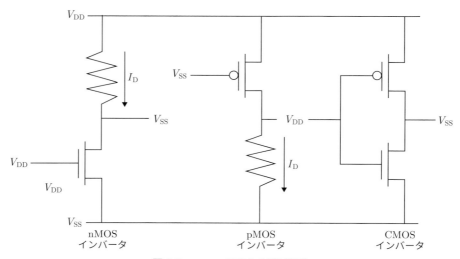

図 1.5 n，p，CMOS の電圧配分

- バイポーラトランジスタよりも ON 抵抗が低く大電流を流すことができる．
- 入力は pn 接合が逆バイアスとなっており，「ゲート電圧をかけるだけ」でドレイン電流を流すことができる．したがって，駆動側からは電流を流す必要がない（入力インピーダンスが高い）．
- ディジタル回路的には，入力ゲート電圧 V_G を電源電圧（ドレイン V_{DD}）とするとドレイン電流が流れ（ON），またグラウンド電位（ソース V_{SS}）とすると電流が流れなくなる（OFF）．すなわち，V_{DD} を '1' レベル，V_{SS} を '0' レベルとするならば反転（NOT）する．バイポーラトランジスタでは，OFF にしたときにベース領域に電子が残っているため，急には OFF にできない．MOSFET は高速スイッチングに向いているといえる．
- '1'，'0' のディジタル動作では貫通電流が流れないので，きわめて低消費電力である．発熱も少なく，大規模な回路を集積できる．
- 光学技術（フォトマスク・エッチング）で製造しやすく，微細加工技術が進行し，最近ではチャネル長（ソース－ドレイン間の幅）が 10 nm 以下という製造プロセスが可能である．動作速度はチャネル長によるので，非常に高速な動作が期待できる．

図 1.6 (a)，図 1.5 右のように，pMOS，nMOS を上下に並べ，上側（V_{DD} 側）を pMOS，下側（V_{SS} 側）を nMOS としたものを CMOS（Complementary（相補型）MOS）といいます．図 1.6 に示すように，CMOS の基本はディジタル回路における NOT ゲートですが，

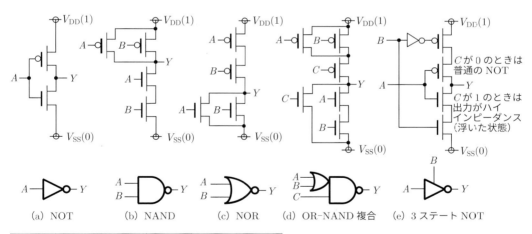

図 1.6　CMOS 基本ゲート（NOT，NAND，NOR）および複合ゲートおよび 3 ステートバッファと真理値表

nMOS，pMOS の並列/直列を組み合わせることにより，さまざまな論理状態を構成することができます．CMOS は現在，世の中のほとんどすべての IC に用いられています．

1.2.2 ASIC の分類

ディジタル回路の基本素子について，ここまで述べてきました．次に，代表的な集積回路である ASIC（エーシック，特定用途向け集積回路）を実現する IC（VLSI）の分類について，1 からフルスクラッチするフルカスタムではなく，現実的なセミカスタム IC について簡単に紹介します[†1]．

(1) ゲートアレイ

ゲートアレイ（Gate Array：GA，図 1.7）は ASIC の一種で，あらかじめ論理セル（2 入力 NAND ゲートなど）を作り込んだ下地に対して，設計に応じたメタル配線を施して製造します（FPGA は配線がプログラム可能です）．論理セルの作り込みまで製造済みなので，開発期間や製造期間を短縮できます．その一方で，集積度や性能の面では不利になります．FPGA と比べるとチップ単価は安いものの，開発費用が高いことから，製造個数が少ない場合はトータルコストが高くなりがちです．

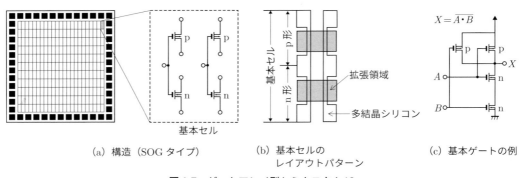

図 1.7 ゲートアレイ型セミカスタム IC

(2) セルベース

セルベース（Cell Base：CB，図 1.8）はあらかじめライブラリとして多様な論理セルを用意しておき，これらを組み合わせて設計・製造します．ゲートアレイの場合と異なり，開発は論理セルの配置から行います．そのため，集積度を高くできる一方で，開発期間は長くなりがちです．スタンダードセルで実現する回路はランダム論理が主であり，これに ROM や RAM，マイクロプロセッサなどのメガセルを取り込むようになって以降，セルベース IC（CB-IC）と呼ばれるようになりました．現在，システム LSI と呼ばれているチップは，このセル

[†1]「Design Wave Magazine」2008 年 12 月号別冊付録，CQ 出版社

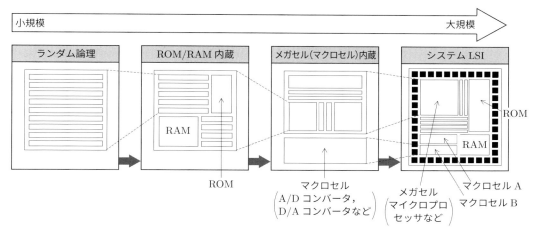

図 1.8　セルベース型セミカスタム IC

ベース IC が高機能化，大規模化したものです．

1.3　書込可能 IC とは

　FPGA は書き込める素子であると 1.1 節で説明しました．では書込可能な IC には，どんなものがあるのでしょうか．実は，書込可能 IC はずいぶん以前から存在します．そのはじまりは，UV-EPROM（紫外線消去可能プログラマブル ROM）でしょう．なぜ，ROM が書込可能 IC であるかというと，アドレスバスが真理値表の入力であり，プログラマブルなデータバスが，その出力であるからです．

　ところが ROM だけでは，**図 1.9** に示すようなフリップフロップ（FF）とフィードバック回路がありませんから，順序回路を実現できません．そこで現れたのが Simple-PLD（単純な構造のプログラマブル論理デバイス）です．

　Simple-PLD は基本的な積和（AND-OR）標準形に，（状態）メモリのためのフリップフロップ，そしてフィードバックパスからなる単純な構造で高速に動作します．また，交点だけを書き換えることで任意のディジタル回路を実現しています．この交点情報は EEP-ROM（電気的消去可能プログラマブル ROM）なので，電源 OFF でも回路が消去（揮発）することはありません．また，コピー対策にもなりました．

　Simple-PLD は，ずいぶん広く使われていました．最初期は交点を直接指定していたのですが，そのうちにプログラミング言語（ABEL（エイベル）-HDL（ハードウェア記述言語））などが使われるようになりました．ただし，まだ論理合成（logic synthesis），すなわちコンパイルが行われるわけではありませんでした．その意味ではアセンブリ言語風といえるでしょう．

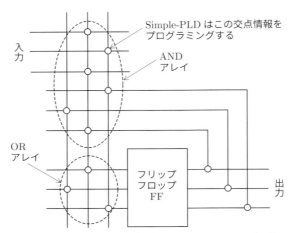

図 1.9 積和（AND-OR）標準形＋FF＋フィードバック

　筆者の所属する舞鶴高専でも電子制御工学科 3 年生の実験で，**図 1.10** のように Simple-PLD を用いたステッピングモータドライバ回路を実現していました．

図 1.10　Simple-PLD で実現したステッピングモータドライバ

　Simple-PLD は，高速で，揮発しないため，非常に使い勝手がよいのですが，欠点もありました．

- 専用の書込器が必要で，書き込んでから基板に実装する必要がある．
- 回路規模が小さく，大きい回路は複数の Simple-PLD が必要となる．

　この欠点を克服したものとして現在，盛んに FPGA が用いられています．**図 1.11** を見てみると，FPGA は，

- アレイ（配列）状に配置されたプログラマブルな論理ブロック（Logic Block）
- それらの配線（経路：ルーティング）をするプログラマブルな交換スイッチ

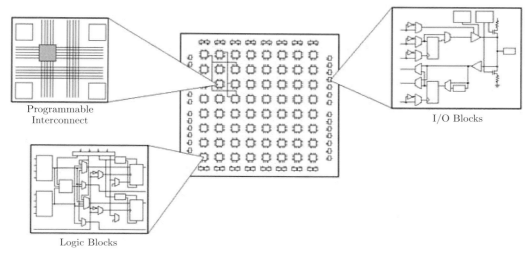

図 1.11　FPGA の各部[†2]

　　（Programmable Interconnect）
- 外部とのやりとり（電圧変換，バッファリング，フリップフロップで同期化）する入出力ブロック（I/O Block）

などから構成されており，Simple-PLD よりも規模が大きいことがわかります．

　最近ではさらに，乗算器などの演算ロジック，RAM/ROM などのメモリ，クロックを生成（調整）する PLL，さらには CPU コアなども埋め込まれます．

　FPGA のプログラム情報は SRAM メモリによって保持されています．したがって，電源を切れば回路情報が揮発してしまうのですが，最近では EEP-ROM を内蔵し，電源投入時に SRAM にリプログラムするような FPGA も登場しています（Intel（旧 Altera）社の MAX 10 FPGA など）．

　また最近では，基板に組み込んだまま JTAG 規格シリアルポート経由で書き込む ISP（In System Programming）が主流になってきています．

　以上のような特徴に加え，FPGA は，回路図あるいは HDL（ハードウェア記述言語），さらには C/C++ のような高級言語（高位合成）で開発することができ，エンジニアからはあたかも「マイコンやパソコンとなんら変わらないように見える」ところまで抽象化が進んできています．

[†2]　National Semiconductor 社のホームページ http://www.ni.com/white-paper/6983/ja/ より引用．

1.4 FPGAの用途

これまで見てきたように，FPGAは大規模なプログラマブルICです．したがって，「どんなものでも万能に実現でき」ます．しかし，それでは用途のイメージが湧きませんから，実際にどのようなものに応用されてきたかを紹介していきます．

(1) ネットワークルータ

インターネットの黎明期に（現在でも）非常に重要な役割を果たした図1.12のCisco社のルータ（経路制御器）にはFPGAが実装されていました．当時は通信装置ハードウェアアーキテクチャの進化が著しく，プログラム（ファームウェア）アップデートではなく，ハードウェアそのものを書き換えることにより，高価な投資をしたルータを時代遅れにしないようにしていたわけです．これは，FPGA本来の特性である書換可能なデバイスそのものを生かした例です．

図1.12　Cisco社ルータ

(2) USB-DAC

図1.13に示すPCM2704は，BurrBrown（現Texas Instrument）社製のUSB-DAC（USBスピーカ用のD/Aコンバータ）であり，後述する特性から発売時世界的な大ヒット作となりました．数百万個の単位で出荷され，数多くのキットが発売されています．ごく簡単に紹介すると，USB 1.0の時代は転送速度が可聴帯域の1 kHz付近で，ものすごいノイズが発生しており，なにも対策されていないUSBスピーカの音はノイズまみれでした．そこで，「最短時間PLL」という技術を用いてノイズの発生を克服し，同社の高精度PLLでリクロックしなおしました．また，同社の超高精度$\Delta\Sigma$型1ビットD/Aコンバータによって，非常にクリアな

再生が可能になりました．現在ではディジタルオーディオはハイレゾ環境となって花開いており，PCM2704 はあまり意味をなさなくなってきています．それでも従来の CD を再生するだけならば，今でも PCM2704 は素晴らしい音質をもたらしてくれます．

図 1.13　USB-DAC PCM2704

その開発には FPGA ボードが使われました．現在，新規のチップ開発には FPGA は欠かせないものになっています．PCM2704 では，USB コンプライアンステスト（認証を得られると，標準デバイスとして流通できる）を受けるために

(1) FPGA を用いて（すなわちチップに落とす前に）想定した以外の動作確認が抜けていないかどうか（テストベンチ），十分なデバッグを行った．
(2) そして，テストの開催日までに FPGA の回路を，正式なチップ（セルベース LSI を製造）にして，コンプライアンステストに通した．

といったことが行われました．これにより，パソコンなどの標準デバイスとして用いられるなど普及し，現在も素晴らしい音を楽しむことができるわけです．

このように，FPGA は新規の ASIC を開発する際にも強力な武器になります．

(3) ビジョンチップ

現在，大量の画像データに対する高速な認識処理は，産業のさまざまな分野で必要とされています．FPGA による細粒度高並列な専用付加ハードウェアにより，高速認識処理を実現している例があります．その結果，PC より 2,000 倍以上高速で，さらに，ニューロコンピュータや超並列計算機より 55 〜 125 倍高速なナノ秒オーダの認識処理が可能なハードウェアを 1 ボードで実現することができたと発表されています．

(4) 巻線機械コントローラ

FPGA の Time-to-Market の例の一つとして，筆者も関わったエフエー電子の巻線機械コントローラ（図 1.14）を紹介します．巻線機械コントローラは従来，アナログ方式で実現されていました．しかし，半固定抵抗の調整やコンデンサの付け替えなどが困難で，ディジタル化を検討したそうです．DSP（ディジタル信号処理用マイコン）のプログラミングは煩雑で開発が大変なのに対して，FPGA なら必要な演算回路だけが素直に実現でき，高速なだけでなく，パラメータの設定も記憶も自由自在になりました．伸線機では $10\ \mu m$ 以下の細線まで生産で

き，IC のボンディングワイヤや医療用（カテーテル）などに使われています．

図 1.14 巻線機械コントローラ

1.5　本書で扱う FPGA 評価ボードおよび EDA ツール

　本節では，本書で FPGA を扱うための評価ボードやツールの説明をします．まず，最低限の開発環境としては，以下のとおりです．

- パソコン（ノートパソコンでもいいが画面が広いほうが望ましい）
- FPGA 評価ボード（最低限ピッチ変換基板で，ドータボード形式でも）
- 書込器（JTAG ケーブル，Intel（旧 Altera）社なら USB-Blaster：互換品もあり）
- 電源（スイッチング DC アダプタで十分）

　これらは「使いまわしできる」という点から有能です．

1.5.1　FPGA 評価ボードなど

　本書では，図 1.15 に示す Intel（旧 Altera）社純正 MAX 10 FPGA 10M08 評価キット EK-10M08E144ES/P $49.95（6,000 円程度，本書執筆時点）を用います．

　MAX 10 FPGA 評価キットは，MAX 10 FPGA テクノロジーを評価する必要最小限のエントリーレベルボードです．この評価ボードによって，以下が実現可能です[3]．

- 10M08S，144-EQFP FPGA の開発
- FPGA 消費電力（VCC_CORE および VCC_IO）の測定
- 異なる I/O 電圧（バンク 8 上の調整可能な VCC_IO）間のブリッジ
- FPGA 内蔵の NOR フラッシュメモリの読み出し/書き込み

---

[3] https://www.altera.co.jp/products/boards_and_kits/dev-kits/altera/kit-max-10-evaluation.html より引用．

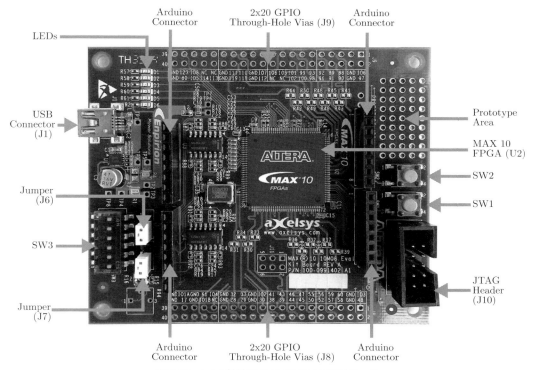

図 1.15 Intel 社純正 MAX 10 FPGA 評価ボード

- FPGA 内蔵の A/D コンバータ，組込ブロックによる入力アナログ信号の測定
- Arduino UNO R3 コネクタまたはスルーホール・ビアによる外部ファンクションまたはデバイスとのインターフェイス
- デザイン用モデルとして，キットの PCB ボードと回路図の再利用

【開発キットの内容】

MAX 10 FPGA 10M08 評価キットには以下のものが含まれています．

- RoHS および CE 準拠 MAX 10 評価ボード
- MAX 10 FPGA（10M08，シングル電源，144 ピン EQFP）
- Intel 社 Enpirion EP5388QI POL（Point-Of-Load）PowerSoC，800 mA，インダクタ内蔵 DC-DC ステップダウン（バック）コンバータ
- ダウンロードケーブル
- プログラミング用 JTAG ヘッダ
- 50 MHz シングルエンド外部オシレータークロックソース
- スイッチ，プッシュボタン，ジャンパ，ステータス LED
- コネクタ

- UNO R3 互換シールドに対応した Arduino ヘッダ
- 汎用スルーホール・ビア
- mini-B タイプ USB コネクタ（電源供給）USB ケーブル付属
- ポテンショメータを取り付けるための空きスペース
- 無料の Intel 社 Quartus Prime Lite Edition
- 完備されたドキュメント類：ユーザーマニュアル，部品表，回路図，ボードファイル

脚注[3]のページにユーザーガイドなどが掲載されています．あわせて参照してください．

（1）主要なピンアサイン

スイッチ，LED で動作確認するためには，**表 1.1** のピンアサイン（番号）を押さえておけば十分です．Arduino シールドボードなどは，もちろん互換的にアサインされています．押しボタンは，コンフィグ，FF リセット用でユーザ用ではありません．

表 1.1　ピンアサイン

信号名	FPGA ピン	信号名	FPGA ピン
clk 50 MHz	27	Arduino_IO(0) (J5.8)	74
DIP_SW1（負論理）	120	Arduino_IO(1) (J5.7)	75
DIP_SW2（負論理）	124	Arduino_IO(2) (J5.6)	76
DIP_SW3（負論理）	127	Arduino_IO(3) (J5.5)	77
DIP_SW4（負論理）	130	Arduino_IO(4) (J5.4)	79
DIP_SW5（負論理）	131	Arduino_IO(5) (J5.3)	81
LED1（負論理）	132	Arduino_IO(6) (J5.2)	84
LED2（負論理）	134	Arduino_IO(7) (J5.1)	86
LED3（負論理）	135	Arduino_IO(8) (J3.8)	62
LED4（負論理）	140	Arduino_IO(9) (J3.7)	64
LED5（負論理）	141	Arduino_IO(10) (J3.6)	65
Arduino_Vref (J3.1)	5	Arduino_IO(11) (J3.5)	66
Arduino_GND (J3.2)	GND	Arduino_IO(12) (J3.4)	69
Ard._A0,1,2,3(J4.1,2,3,4)	6,7,8,10	Arduino_IO(13) (J3.3)	70

次の出版物付属の FPGA 評価ボードもおすすめです．

- 『FPGA 電子工作スーパーキット』，圓山 宗智 著，CQ 出版社（2016）
  ISBN9784789848084

通販などでも入手できます．

- MAX 10-FB（FPGA）基板　全実装版【MTG-MAX10-FB-F】
  マルツエレック　https://www.marutsu.co.jp/pc/i/598579/

（2）書込器

Intel（旧 Altera）社純正の書込ケーブル（USB ブラスタ）は非常に高額です．通販などで安価な互換・書込ケーブル（JTAG ケーブル）を入手することもできます．以下の URL は一例ですが，動作しないこともあるようなので，個人の責任の範囲でお試しください．

https://www.amazon.co.jp/dp/B008D8QSMU/ref=cm_sw_r_tw_dp_U_x_c29DCbNXQS1V1

（3）試作する回路

FPGA の動作確認もかねて LED 点滅（いわゆる L チカ）を 3 種類の入力方法で試してみましょう．

(1) 回路図（Intel 社の LPM モジュール使用）：簡単
(2) VHDL（大学・高専ではスタンダードなハードウェア専用記述言語）：汎用的
(3) HLS（Intel 社の高位合成 C++ コンパイラ）：流行しているが使いこなしが困難

おそらく，最も関心が高いであろう（3）の HLS ですが，導入のハードルが若干高く，正式サポートには有償の Microsoft Visual Studio 2010 Professional が必要となっています（最新版の Visual Studio 2017 の前にインストールが必要）．

1.5.2　EDA ツールの使い方，書き込み方法

本書で使用する EDA（Electronics Design Automation）ツールは，Intel（旧 Altera）社の Quartus Prime 18.0 Lite Edition です．以下のリンクから入手，インストールしてください．

https://www.intel.co.jp/content/www/jp/ja/software/programmable/quartus-prime/download.html

Lite Edition は無償ですが，現用の FPGA である Cyclone IV，V，10，MAX 10 が使え，回路図入力はもちろん，ハードウェア記述言語の VHDL，Verilog HDL，高位合成 HLS（C++）が使用できます．以下のリンクに日本語のインストールおよびライセンスマニュアルがあります．

https://www.intel.co.jp/content/dam/altera-www/global/ja_JP/pdfs/literature/manual/quartus_install_j.pdf

しかしながら，Altera 社が Intel 社に吸収される以前の Cyclone II，III，MAX 3000，7000，II などはサポートされていませんので，その場合は古い Quartus II を入手する必要があります．ただし，それには HLS（高位合成ツール）は含まれていません．

なお，有償版の Standard や Professional Edition は，Arria 10 や Staratix 10 などの超大規

模な FPGA のほか，すべての機能が使えますが，30 ～ 50 万円もかかります．もちろん，サポートもきちんとされますが，無償版の Lite Edition でも，Cyclone 10，MAX 10 を使うくらいのアプリケーションでは十分に使えます．

インストールを完了して（付録 A.1 を参照），アイコンをダブルクリックすると**図 1.16** の画面が現れます．

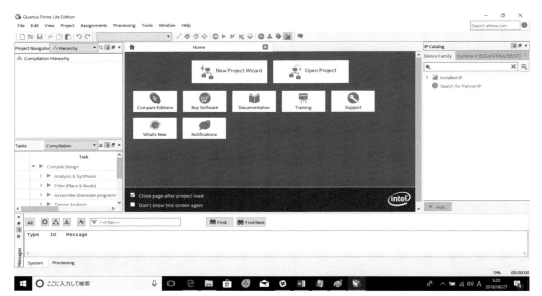

図 1.16 EDA ツール：Intel（旧 Altera）社 Quartus Prime 18.0 Lite Edition の起動画面

それでは，Inte 社 Quartus Prime での FPGA 開発ステップを紹介していきます．

(1) 起動〜プロジェクト設定

起動画面から，まずはプロジェクトを設定します．

図 1.17 のように，プルダウンメニューから，「File」→「New Project Wizard」で新しいプロジェクトを設定します．以後設定が続きます．

 ここでとても重要なのは，コンパイル（回路生成）はこのプロジェクトの回路に対して行われるということです．ハードウェア回路は，どんどんモジュール化（部品化）して階層化していきますので，いまどの回路を設計しているのかわからなくなることがありますが，コンパイルされるのはあくまで，このプロジェクトで設定した回路です．

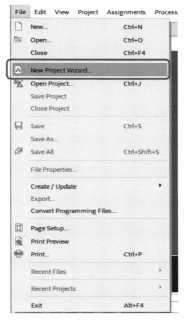

図 1.17　New Project Wizard

次に，図 1.18 の「Introduction」（導入）は読むだけで，「Next >」します．

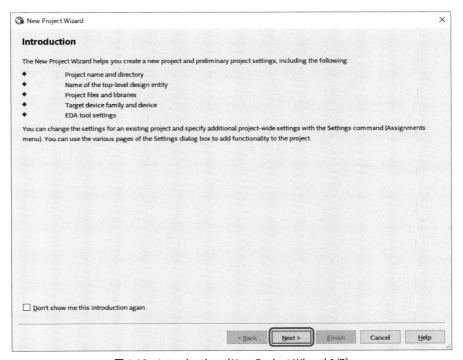

図 1.18　Introduction（New Project Wizard 1/7）

図 1.19 は，作業場所（ディレクトリ）と，プロジェクト名および最上位のファイル名（トップレベル・エンティティ）です．ここでは，必ず「ファイル名＝最上位ファイル名」です．そして，最上位ファイル名は，形式を問いません．すなわち，回路図（ブロック図），VHDL/Verilog HDL，そのほかのファイルの拡張子は異なりますが，ファイル名はプロジェクト名と同じです．十分に気を付けてください（些細なことですがつまずきやすいポイントです）．

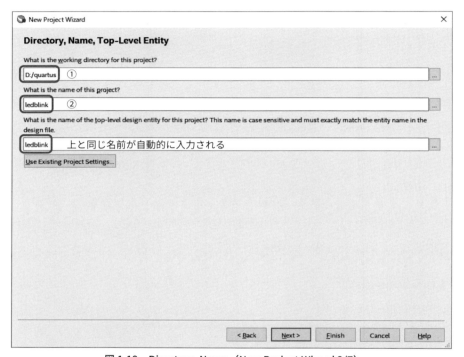

図 1.19　Directory, Name（New Project Wizard 2/7）

図 1.20 は，作業ディレクトリを作るかどうかの確認です．注意点としては，1 回目は「Yes」ですが，次回以降は同一場所にするため「No」にします．そうしないと，これまで作ったファイルを流用できません．

1.5 本書で扱う FPGA 評価ボードおよび EDA ツール | 21

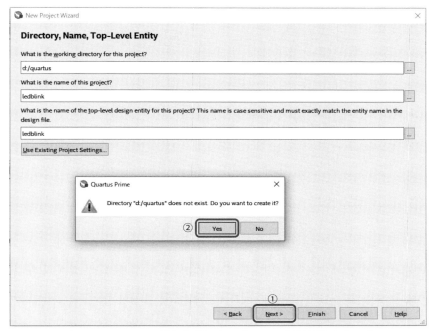

図 1.20　Directory 確認（1 回目だけ「Yes」，2 回目以降は「No」）

図 1.21 は，「Project Type」です．とりあえず，「Empty project」で問題ありません．

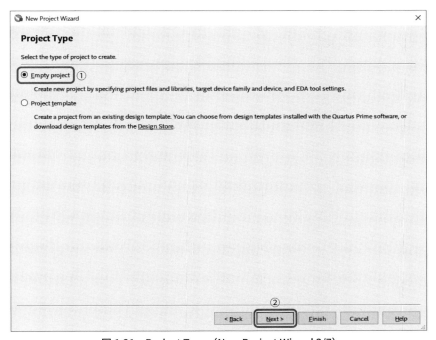

図 1.21　Project Type（New Project Wizard 3/7）

図 1.22 は，「Add Files」つまり，必要なファイルの追加です．作業ディレクトリをずっと同じところにすれば，これは必要ありません．「Next >」で進みます．

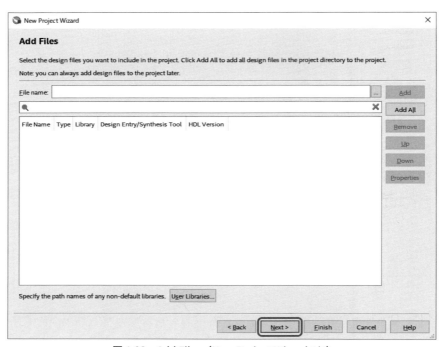

図 1.22　Add Files（New Project Wizard 4/7）

図 1.23 は，FPGA の Family 名（種類）とデバイス名（型番）などです．本書で用いる MAX 10 評価ボードでは，MAX 10（DA/DF/DC/SA/SC）と MAX 10SA で 10M08SAE144C8G です．なお，SA とは単一電源（3.3 V）で A/D コンバータ付きを意味しています．

1.5 本書で扱う FPGA 評価ボードおよび EDA ツール　　23

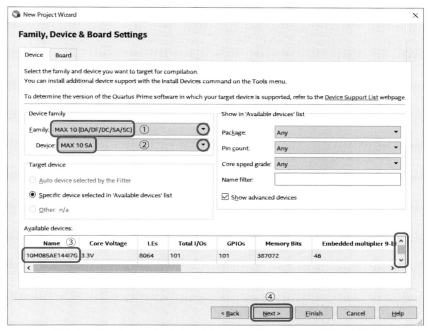

図 1.23　Family, Device & Boad Settings（New Project Wizard 5/7）

図 1.24 は，Quartus の設定です．ここでは特になにもせず，「Next >」します．

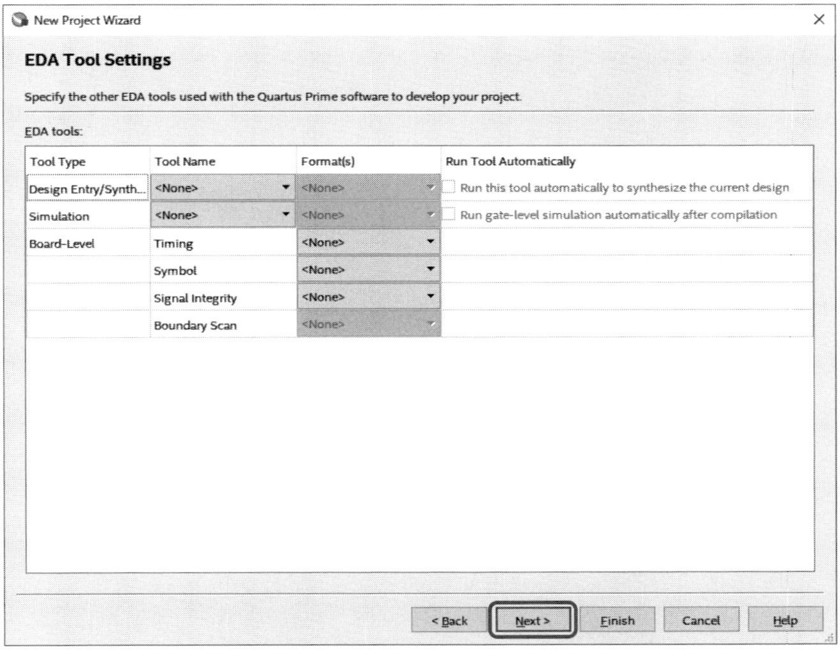

図 1.24　EDA Tool Settings（New Project Wizard 6/7）

図1.25は，要約（Summary）です．下線の部分を確認してください．

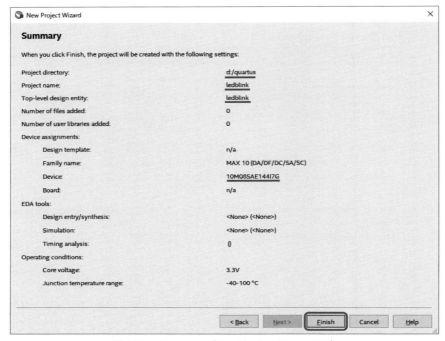

図1.25　Summary（New Project Wizard 7/7）

(2) 回路図入力による設計

まずは回路図による設計を試してみましょう．まず図1.26のように，新規ファイルで，ブロック図/回路図（Block Diagram/Schematic File）を選びます．すると，回路図エディタが立ち上がります．

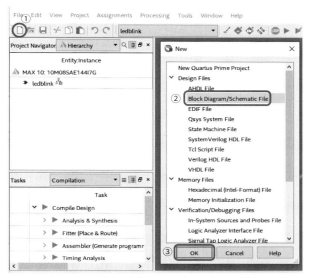

図 1.26 回路図（ブロック図）エディタの起動

図 1.27 は，回路図エディタ上の任意の位置でダブルクリックすると現れるシンボル（部品記号）一覧です．ここから，「megafunctions」の「arithmetic」を展開します．

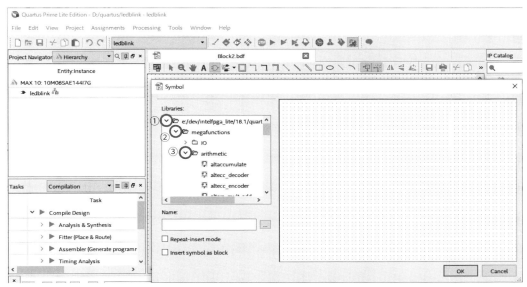

図 1.27 シンボル（部品記号）の選択（1/2）

そして図 1.28 のように，「lpm_counter」すなわち Library of parameterized module（パラメータ設定可能なモジュール）のカウンタを選び，配置します．これらは大変便利で，大抵のことは，これだけで行えます．

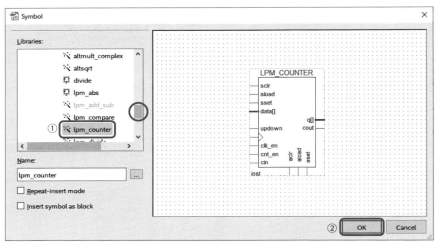

図 1.28 シンボル（部品記号）の選択（2/2）

図 1.29 に示す，シンボルの右上の「Parameter」のところを右クリックして「Properties」を選択し，パラメータを調整します．

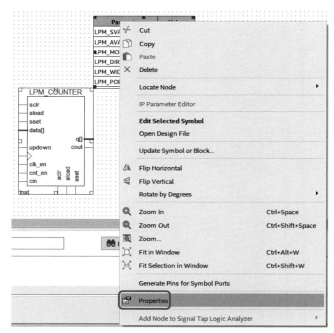

図 1.29 プロパティの選択

図 1.30 のように，「Ports」タブで各パラメータの設定を行います．ここでは，システムクロック「clock」と，出力「q[…]」，以外は，「Status」をダブルクリックして「Unused」にします．

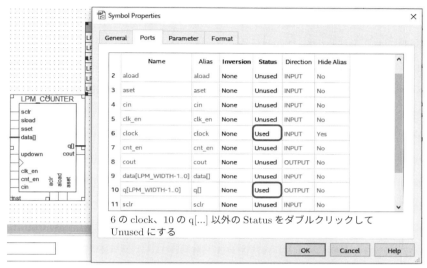

図 1.30　lpm_counter のパラメータ設定

図 1.31 の「Parameter」タブで，カウンタ長「LPM_WIDTH」を 25 にして，50 MHz のシステムクロックを約 1 秒（1 Hz）まで分周します．

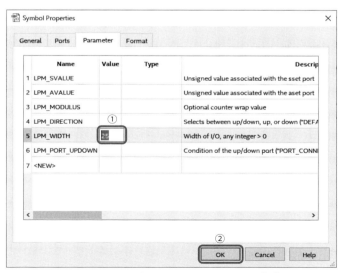

図 1.31　カウンタ長 LPM_WIDTH を 25 に指定

次に，図1.32，1.33のように，入力ピンを選択して，配置します．

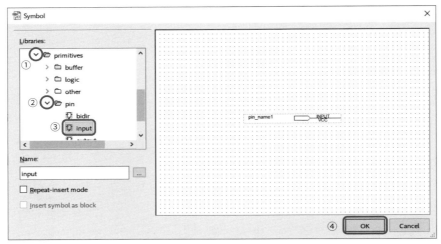

図1.32　入力ピンの選択

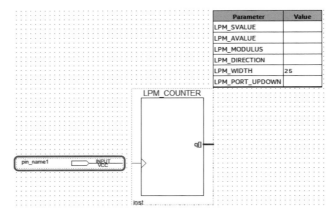

図1.33　入力ピンの配置

1.5 本書で扱う FPGA 評価ボードおよび EDA ツール　29

同様にして，図 1.34 のように，出力ピンを配置します．

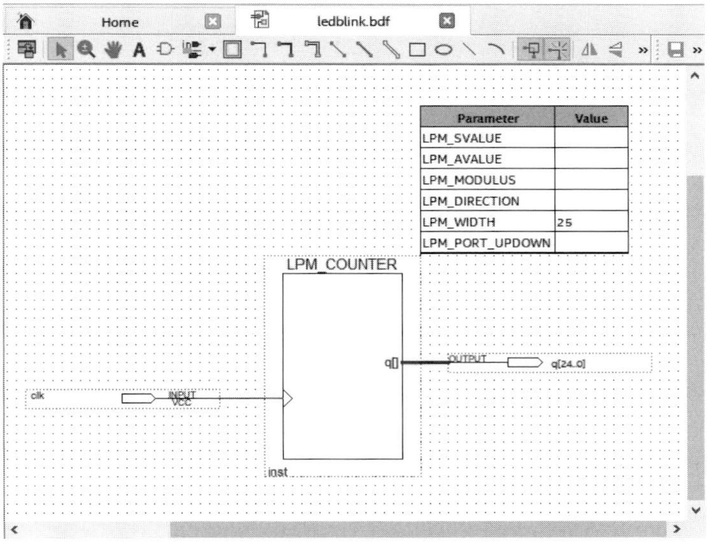

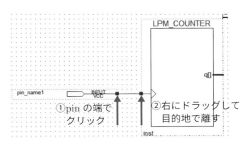

図 1.34　出力ピンの配置

図 1.35 のようにマウスを使って入力ピンとの配線をします．端子の端でマウスカーソルの形が変わるのでわかりやすい作業です．同様に図 1.36 のように，出力ピンとの配線をします．

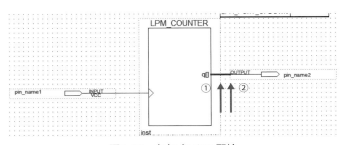

図 1.35　入力ピンとの配線

図 1.36　出力ピンとの配線

配線したら**図 1.37**，**1.38**のように，ピン名を名付けていきます．ダブルクリックして，反転した名前を「clk」とします．

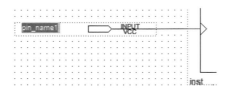

図 1.37　入力ピン名を名付ける

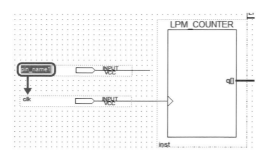

図 1.38　入力ピン名をキー入力

図 1.39のように出力ピンも名付けますが，出力はバス（複数信号）なので，「q[24..0]」とします．

図 1.39　出力ピン名を名付ける

この表記は Intel（旧 Altera）社回路図入力独特のものです．なお，25 ビット幅なので，最上位ビット（MSB）が 24，最下位ビット（LSB）が 0 となります．

これで回路図作成は終わりですので，フロッピーのアイコンをクリックして，図 1.40 のように保存します．ファイル名は自動的に，プロジェクト名と同じになります．

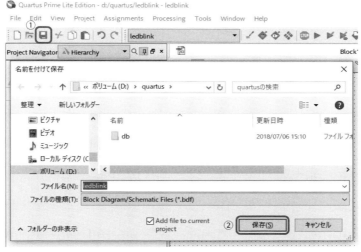

図 1.40　回路図の保存

次に図 1.41 のように，コンパイル，すなわち回路図情報（配線情報）から FPGA の交点情報に変換します．これは，VHDL/Verilog HDL の場合でも同じですので「コンパイル」と呼ばれます．青い右三角のアイコンを押すだけです．すると，図 1.42 のようにコンパイルの各工程が進み，図 1.43 で成功を確認します．

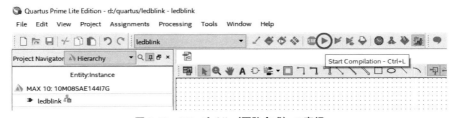

図 1.41　コンパイル（回路合成）の実行

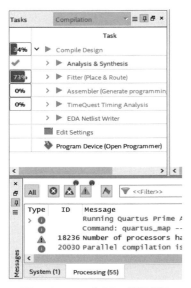

図 1.42　コンパイルの進行状況

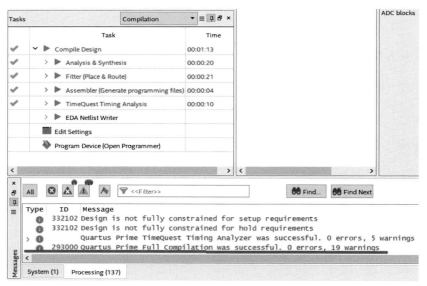

図 1.43　コンパイル成功の確認

次に図 1.44 のように，入出力ピンにピン番号を割り付けるため，ピンプランナを起動し，「Location」のところをダブルクリックして入力します．具体的なピン番号は表 1.1 を参照してください．

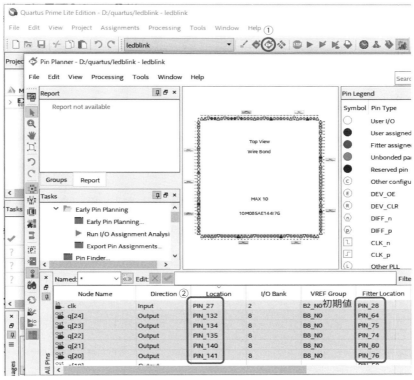

図 1.44　ピンプランナで入出力ピンにピン番号の割付け

すべてのピンアサインが終わったら，必ずもう一度コンパイル（図 1.41）してください．あたりまえですが，ピン番号を反映させるためです．忘れやすいので十分に気を付けてください．

それでは，図 1.45 のように USB ブラスタと USB 電源ケーブル（MAX 10 評価ボードに付属の「ミニ USB コネクタ」）を接続します．

図 1.45　USB ブラスタと USB 電源ケーブルの接続

初回は図1.46のように，Windowsのデバイスマネージャーでドライバを更新します．

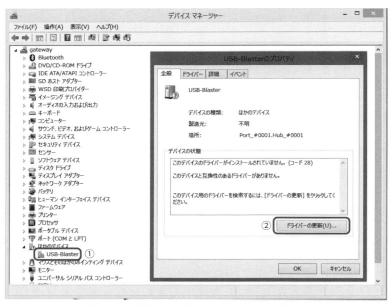

図1.46 デバイスマネージャーでドライバ更新

ドライバはQuartus Primeのインストールディレクトリにあるので，図1.47のように自分のコンピュータ内を検索します．図1.48のように，C:\intelFPGA_lite\18.1\quartus\drivers\usb-blasterにありました（注意：x64までは降りなくてよいです）．

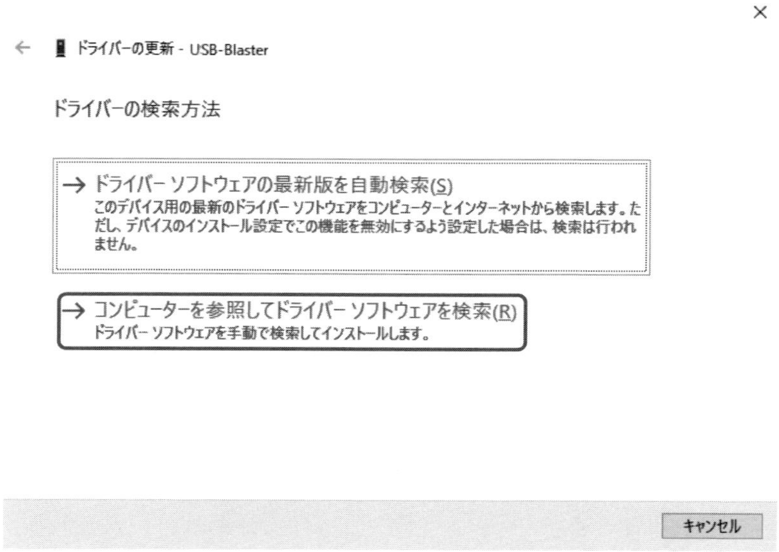

図1.47 ドライバの検索

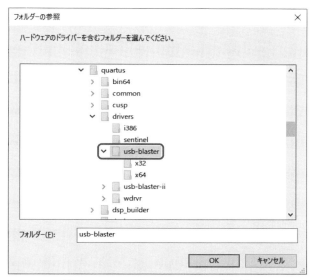

図 1.48　Quartus のインストール場所内

図 1.49 のように正常更新を確認します．

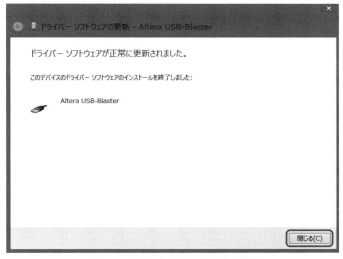

図 1.49　ドライバの正常更新の確認

次に図 1.50 のように，プログラマを起動します．ケーブルの絵があるアイコンをクリックします．

図 1.50　プログラマの起動

図 1.51 のように，「Hardware Setup」から「USB Blaster」を選択します．

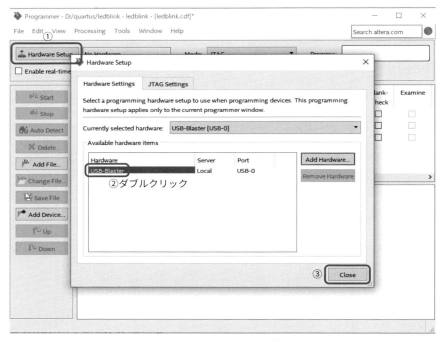

図 1.51　USB ブラスタの指定

図 1.52 のように，ISP（In System Programming）をチェックし，「Start」ボタンをクリックします．

1.5 本書で扱う FPGA 評価ボードおよび EDA ツール　　37

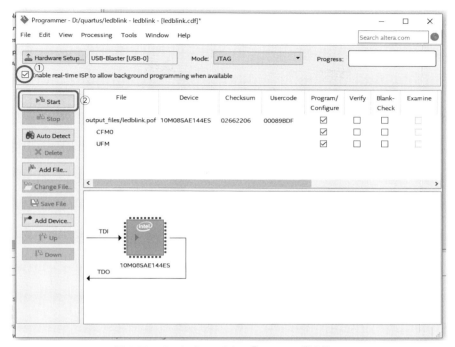

図 1.52　ISP をチェックし，「Start」で書き込み

　うまくいけば図 1.53 のように，LED が 2 進数で点滅します．一番下の LED が最上位ビット（MSB）で約 1 秒周期（$= 50{,}000{,}000/2^{24} = 0.6$ 秒）で点滅します．ただし，LED は負論理なのでダウンカウントしているように見えます．

図 1.53　LED 点滅の完成（一番下の LED が 1 秒周期点滅）

だいぶ細かい作業でしたね．お疲れ様でした．

回路が無事動いたら，コンパイルレポートを確認してみましょう．FPGA は図 1.11 に示したように，さまざまな論理ブロックと配線，プログラマブルスイッチなどで構成されています．コンパイルレポートには，そのとき作った回路が FPGA 内部の回路をどれだけ使用したかなどのレポートが記載されています．

図 1.54 が今回のコンパイルレポートです．FPGA の回路規模の単位である「Total logic elements」は 1% 未満（0.32%）です．またそれとは別に，387 K ビットのメモリ，48 個の 9 ビット乗算器，1 個の PLL は未使用です．素晴らしく使い出があることがわかります．

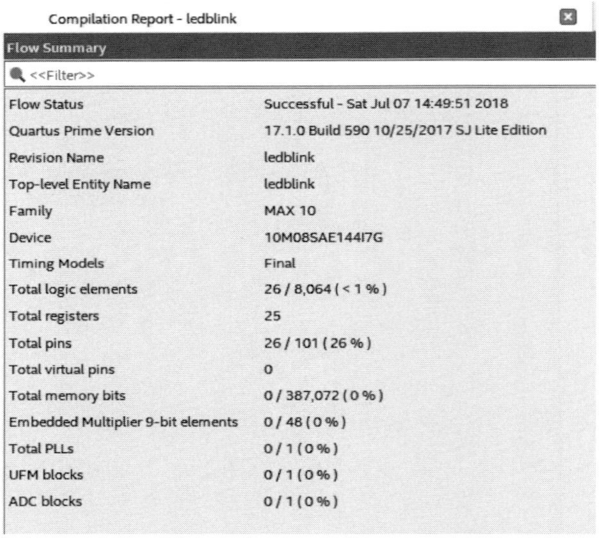

図 1.54　コンパイルレポートの確認

マイコン（CPU）を楽に実現することもできます．特に，Intel（旧 Altera）社純正の NiOS II-CPU は，FPGA で実現する特殊演算回路を用いる特別命令を実現できるように最適化されているので，おすすめです．機能のすべてをハードウェアあるいはソフトウェアだけで実現するのは賢明とはいえませんので，ぜひ検討してください．もちろん，既存の Z80 や AVR や PIC なども組み込み，ツール（C 言語やアセンブリ言語）を使うこともできますが，知的財産権には気を付けてください．

さて，図 1.52 に示したように，ISP では書き込みは速いのですが，電源をオフすると（この場合は USB ケーブルを抜くと）回路情報が消えてしまいます．すなわち，電源を入れる（USB ケーブルを挿入する）たびに，また ISP 書き込みをしないといけません．実験を繰り返すならそれでよいのですが，実際に組込機器として用いるには不便です．これは，ISP 書き込みは，FPGA（MAX 10）内の SRAM コンフィグメモリに回路データを書き込むためです．SRAM は高速なのですが，電源をオフすれば内容は揮発してしまいます．

1.5 本書で扱う FPGA 評価ボードおよび EDA ツール　　39

　そこで，MAX 10 では，FPGA チップ内部に EEP-ROM を内蔵していて，そこに回路情報を書き込み，その EEP-ROM から電源オン時に SRAM にコンフィグすることで，この問題に対処しています．（安価に入手できる）ほかの FPGA では，基本的に外付けの（Serial）EEP-ROM が必要になります．

　それでは Quartus Prime で，この内部コンフィグ用の書き込みをする方法を紹介します．図 1.55 のようにメニューから「Tools」→「Programmer」としてプログラマを起動すると，SRAM にコンフィグするように「.sof」ファイルが選択されているので，まずそれを消去します．

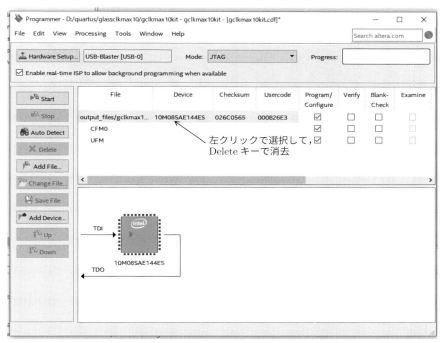

図 1.55　内部コンフィグ方法（1/5 − sof ファイルの消去）

　次に図 1.56，1.57 のように「Add File」をクリックし，「Select Programming File」ダイアログのなかの「output_file」フォルダに入り，「.pof」ファイルを選びます．

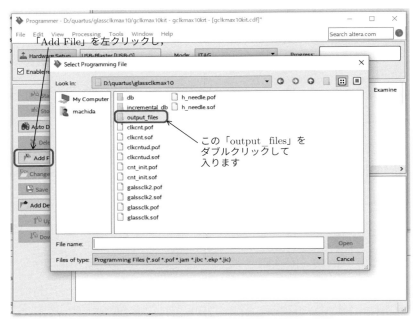

図 1.56 内部コンフィグ方法（2/5 − output_files フォルダ選択）

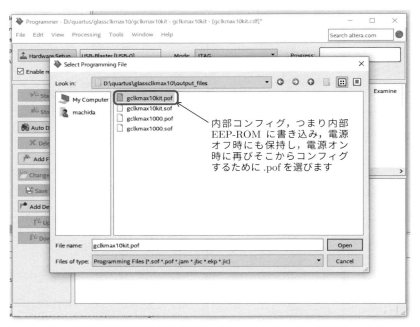

図 1.57 内部コンフィグ方法（3/5 − pof ファイルの選択）

そして，図 1.58 のように「Perogram/Configure」のチェックボックスに 3 つともチェックを入れ，「Start」をクリックします．

1.5 本書で扱う FPGA 評価ボードおよび EDA ツール　　41

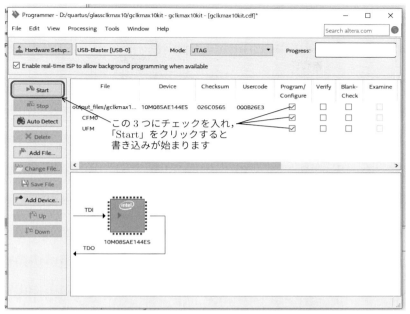

図 1.58　内部コンフィグ方法（4/5 －書き込み開始）

　SRAM に書き込むより時間はかかりますが，図 1.59 のように無事完了すれば，自分の LSI ができました．

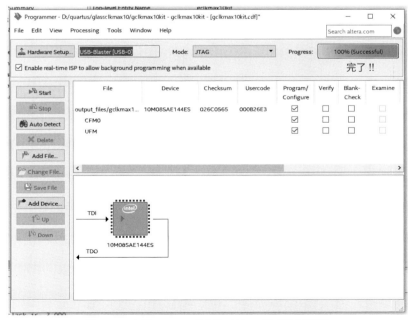

図 1.59　内部コンフィグ方法（5/5 －書き込み完了）

（3）VHDL による設計

代表的なハードウェアを記述するプログラミング言語（HDL：Hardware Description Language）として VHDL や Verilog HDL があります．

HDL は，非常にすっきりと回路を記述することができます．また，回路図入力は基本的にグラフィックエディタなので，ほかのツールと使いまわしができないのに比べ，ソースコードは使いまわしが簡単にできます．

Verilog HDL は老舗のシステム開発会社などで使われ，VHDL は大学・高専などの教育機関で使われているようです．Verilog HDL はケイデンス社の電子回路シミュレータで使用する言語であり，文法はプログラミング言語の C 言語や Pascal に似ています．VHDL はアメリカ国防総省が策定した HDL で文法は非常に厳密であり，それゆえに習得が難しい，あるいはすべての機能を使いこなすのは困難だと思われています．

しかし実際のところ，FPGA で実現できる範囲ならば，それほどでもありません．「VHDL は決して難しくなく，むしろ優しいです．VHDL is not, Very Hard Difficult to Learn.」というのは，筆者が VHDL に初めて触れたときのセミナー講師である三上廉司氏の言葉です．筆者はふだん，FPGA での回路開発には VHDL を使っています．

VHDL での開発は，Quartus で行えます．図 1.17 ～ 1.25 の New Project Wizard は全く同じです．ここでは project 名を「ledblinkvhd」とし（作業ディレクトリは d:\quartus のまま），図 1.26 の選択から「VHDL File」を選びました．**リスト 1.1** が VHDL ソースリストです．ファイル名の拡張子は「.vhd」です（Verilog HDL では「.v」）．図 1.41 以降は，回路図入力の場合と同じやり方で行うことができます．

リスト 1.1　VHDL 記述のカウンタ

```
library IEEE;
use IEEE.std_logic_1164.all;
use IEEE.std_logic_unsigned.all;

entity ledblinkvhd is
  port(clk: in std_logic;
       q: out std_logic_vector(24 downto 0));
end;

architecture  RTL of ledblinkvhd is
signal cnt: std_logic_vector(24 downto 0);
begin
  q <= cnt;
  process (clk) begin
   if(clk'event and clk='1') then
      cnt <= cnt + '1';
    end if;
end process;
end RTL;
```

（4）HLS（C++）による設計

最近，流行り始めている「高位合成（HLS）で開発する」ということの意味は，Intel 社によると以下のとおりです．

> Intel 社 HLS コンパイラーは，アンタイムド（untimed）C++ による入力をもとに，Intel 社 FPGA に最適化された製品レベル品質の RTL を生成する，高位合成ツールです．FPGA ハードウェア・デザインの抽象化レベルを RTL から引き上げることで，検証の時間を短縮します．一般に，C++ で開発されたモデルは RTL よりもはるかに検証が高速になります．

筆者も実際に使ってみましたが，L チカ程度の簡単な回路ではあまり意味がありません．VHDL あるいは Verilog HDL などの専用ハードウェア記述言語のほうが，RTL（Resistor Transfer Level，クロックタイミングを明示して書けるレベル）で同期回路設計を行う上では最適（高速でコンパクト）な回路を記述できます．人工知能（AI）や画像処理のような大規模で更新の早いシステムを，デバッグを含めながら開発するには HLS のほうが開発ツールも揃っている分だけ有利に思われます．ハードウェア開発者とソフトウェア開発者の共同作業が行える場ができそうとも感じました．

それでは本題に戻って，「Intel 社 ®HLS（高位合成）コンパイラースタートガイド（2）」を参照しながらインストールしましょう．

https://www.intel.co.jp/content/www/jp/ja/programmable/documentation/ewa1462479481465.html

（1）Windows 10 64bit で Quartus Prime (Lite) 18.1 をインストールします．

https://www.intel.co.jp/content/www/jp/ja/programmable/downloads/download-center.html

インストールディレクトリのデフォルトは C:\intelFPGA_lite\18.1 です．

（2）Visual Studio 2010 Professional をインストールします．
Visual Studio 2010 Professional は有償です．無償版の Express で使える方法もありますがサポート外となっています．Express で使う場合は，以下の URL を参照してインストールしてください（Microsoft アカウントの作成と Visual Studio Dev Essentials への参加（無償）が必要です）．

https://service.macnica.co.jp/library/127029

ここでは正式版となる Professional を前提として設定していきます．

（3）設定用のバッチファイル start_intelhls_vs2010pro.bat（**リスト 1.2**）を以下のア

ドレスから入手して，HLSのディレクトリ C:\intelFPGA_lite\18.1\hls にコピーします．

https://gist.github.com/ciniml/1e932c4ded2d213a205cd5653d4c8826

リスト 1.2　start_intelhls_vs2010pro.bat

```
@set INTELFPGA_DIR=C:\intelFPGA_lite
@set INTELFPGA_VER=18.1
@set INTELFPGA_ROOT=%INTELFPGA_DIR%\%INTELFPGA_VER%
@set MODELSIM_TYPE=modelsim_ase
@echo Using Intel FPGA in %INTELFPGA_ROOT%
call "%ProgramFiles(x86)%\Microsoft Visual Studio 10.0\VC\bin\amd64\vcvars64.bat"
@set HLS_ROOT=%INTELFPGA_ROOT%\hls
@set VSIM_ROOT=%INTELFPGA_ROOT%\%MODELSIM_TYPE%
@set VSIM_BIN=%VSIM_ROOT%\win32aloem
@set PATH=%VSIM_BIN%;%PATH%
@call %HLS_ROOT%\init_hls.bat
@echo Done.
@start cmd /K
```

（4）コマンドプロンプトを図 1.60 のように起動します．

図 1.60　コマンドプロンプト起動

(5) 図 1.61 のように，C:\intelFPGA_lite\18.1\hls に移動し，start_intelhls_vs2010pro.bat を実行します．

図 1.61　HLS 設定用バッチファイルの起動

```
>cd c:\intelFPGA_Lite\18.1\hls
>start_intelhls_vs2010pro.bat
```

(6) ここでは，HLS のサンプルである counter を用いて，L チカを目標にします．
まず，C:\intelFPGA_lite\18.1\hls\examples\counter を開き，図 1.62 のように build.bat をメモ帳などで編集します．使用する FPGA が，Arria10 になっていますので，MAX10 に変更します．

46 第 1 章 FPGA とは

図 1.62 カウンタ・プロジェクトの build ファイル編集

(7) 図 1.63 のように，コンパイルを進めます．

図 1.63 C++（i++）プログラムのコンパイルの実行

①作業ディレクトリに移動.

```
>cd examples\counter
```

② build でコンパイル起動.

```
>build
```

③ファイル一覧表示.

```
>dir
```

④結果の確認.
⑤次に本番の FPGA 対象へ build.

```
>build test-fpga
```

⑥実行：パソコンの CPU 用の実行ファイルができていますので, 実行します.

```
>test-fpga
```

⑦実行確認：PASSED であれば OK です.
(8) ここでは, シンプルに FPGA だけを対象にするために, C++ プログラム本体の counter.cpp を**リスト 1.3** のように書き換えます.

リスト 1.3　counter.cpp

```cpp
#include "HLS/hls.h"
#include <stdio.h>

using namespace ihc;
component unsigned long count() {
  static unsigned long cnt = 0;
  return cnt++;
}

int main() {
  const long SIZE = 50000000;
  unsigned long result[SIZE];
  for(unsigned int i=0; i<SIZE; ++i) {
    ihc_hls_enqueue(&result[i], &count);
  }
  ihc_hls_component_run_all(count);
  return 0;
}
```

48 | 第 1 章 FPGA とは

そして，図 1.63 のように再度 build します．今回は，PASSED も表示されませんが，
異常終了はしないのを確認しました．

(9) コンパイル結果として，test-fpga.prj ディレクトリに，Verilog HDL のソースファ
イルが**リスト 1.4** のようにできています．明らかに冗長であり，デバッグや動作起動・
確認のための仕掛けが施されています．

リスト 1.4 出力された Verilog ファイル

```
module quartus_compile (
    input logic resetn
  , input logic clock
  , input logic [0:0] count_start
  , output logic [0:0] count_busy
  , output logic [0:0] count_done
  , input logic [0:0] count_stall
  , output logic [31:0] count_returndata );

    logic [0:0] count_start_reg;
    logic [0:0] count_busy_reg;
    logic [0:0] count_done_reg;
    logic [0:0] count_stall_reg;
    logic [31:0] count_returndata_reg;

    always @(posedge clock) begin
        count_start_reg <= count_start;
        count_busy <= count_busy_reg;
        count_done <= count_done_reg;
        count_stall_reg <= count_stall;
        count_returndata <= count_returndata_reg;
    end

    reg [2:0] sync_resetn;

    always @(posedge clock or negedge resetn) begin
        if (!resetn) begin
            sync_resetn <= 3'b0;
        end else begin
            sync_resetn <= {sync_resetn[1:0], 1'b1};
        end
    end

    count count_inst (
        .resetn(sync_resetn[2])
      , .clock(clock)
      , .start(count_start_reg)
      , .busy(count_busy_reg)
      , .done(count_done_reg)
      , .stall(count_stall_reg)
      , .returndata(count_returndata_reg) );
endmodule
```

（10）実際に Verilog HDL で最も単純に記述すれば，**リスト 1.5** のようになります．
これまでと同様に，ピンアサインして書き込むことによって，L チカの動作を確認でき
ました．

リスト 1.5　Verilog HDL によるカウンタ

```
module count32v(input clk, output [31:0] q);

   reg [31:0] cnt;

   assign q = cnt;

   always @(posedge clk) begin
      cnt <= cnt + 32'h1;
   end

endmodule
```

第2章

ディジタル回路設計とツール

2.1 FPGA による回路設計の流れ

　本章では，実際の FPGA を用いたディジタル回路の開発方法について説明していきます．
FPGA を用いてディジタル回路を開発するということは，（ディジタル）システムの開発規模
になります．すなわち，マイコンとデータをやりとりする，あるいはマイコン（CPU）を内
蔵（SoPC：System on a Programmable Chip）するということです．

　ただ，一足飛びにそこに到達するよりも，まずディジタル回路をどのように開発するかの方
針を知っておいたほうが理解しやすくなります．まず，ディジタル回路設計階層は以下のよう
になっています．

(1) トランジスタレベル
(2) ゲートレベル
(3) RTL（Register Transfer Level）
(4) Behavior レベル

　(1) トランジスタレベルは，まさにトランジスタなどの部品の組合せからディジタル回路を
設計することであり，現在ほとんど利用することはありません．

　(2) ゲートレベルは，回路図に NOT，AND，OR，EX-OR などの論理素子をペタペタと貼
り付けて配線していくというイメージで，よく使います．きわめて重要なこととして，この論
理素子すべてが実体をもった部品であり，それぞれがリアルタイムに同時並列に動作します．
あたりまえのようですが，電子回路がはじめてという方は発想から抜け落ちていることがあり
ます．

　そして，(3) RTL（Register Transfer Level）記述は，これまでの開発現場での主流です．
すなわち，ハードウェア記述言語（Verilog HDL や VHDL）を使った開発です．Register

Transfer とは「レジスタ間のやりとり」という意味ですが，それはつまりレジスタのデータ受け渡しの基本である「クロック信号」を明示するということです．これにより，EDA（Electronics Design Automation）ツールは HDL から回路を生成（論理合成といいます）することができます．

HDL によるディジタル回路設計は，一見，単純なプログラミングで回路が記述できるように思いがちですが，それでも回路を理解していない記述では「Logic Synthesizer is not a Wizard. すなわち，論理合成器は魔法使いではない」という格言どおりにうまくはいきません．どのような回路を生成するのかという方針がない設計では，うまくいかないのです．ですが，心配はいりません．ソフトウェアにおけるオブジェクト指向と同じで，一度生成され検証された部品は再利用ができるのです．したがって，基本さえ押さえておけば，初歩の回路設計は大丈夫です．

（4）Behavior レベルの開発の "Behavior" は日本語では「ふるまい」「動作」というように訳され，第 1 章の最後に取り上げた高位合成 HLS（C++）による回路設計がこれにあたります．Behavior レベルの論理合成は，RTL レベルの設計と異なりクロック信号を明示しません．そのため，論理合成器が回路を合成することが困難で，近年まで普及していませんでした．現在の Intel 社や Xilinx 社の EDA ツールでは，C++ や OpenCL と呼ばれるプログラミング言語で HLS による開発が可能です．しかし実際には，まだある程度，人の手でチューニングする必要があります．

HLS による開発の背景には，現在，世界的に注力されている自動運転や FA（Factory Automation），先端医療機器などの組込分野における AI（人工知能）システム開発があります．組込分野では AI の処理速度や消費電力への要求が厳しく，GPU を用いたクラウド AI のような処理は困難です．そのため，この処理を FPGA にやらせ，また，これまで開発されてきた C++ などのソフトウェア資源を FPGA 化しようとしています．

こういった現場では，FPGA 人材に求められるスキルはやや特殊で，Verilog HDL や VHDL を使えればよく，AI のアルゴリズムそのものへの深い理解はいらないとされています．むしろ，FPGA に搭載するプロセッサの ARM コアや標準入出力の最新情報を常に収集し，顧客の要望に基づいて回路方式を最適化できる「高度人材」が不可欠で，「最終的に求められるのはエレクトロニクスに関するノウハウ」だそうです[1].

確かにそのとおりなのですが，ちょっと寂しい（厳しい）見解です．筆者（研究者）の立場からすると，まずは AI のアルゴリズムの理解が必要なのではないかと考えています．そして，具体的にどのようにタイミング（クロック）を与えればいいのかという知見があれば，困難なところはなにもないのではないでしょうか．付け焼刃ではダメなのだとは感じます．最新情報を常に集める必要というのは，それは当然のことでしょう．

---

[1] 「AI ウォーズ勃発　組み込み AI 開発，現場が渇望する『FPGA 人材』」，日経 xTECH，https://tech.nikkeibp.co.jp/atcl/nxt/column/18/00132/030900016/，2019/03/06 閲覧

2.2 ディジタル回路の同期設計

AIのアルゴリズムの話はさておき，ディジタルシステムの状態空間表現は**図2.1**に示すように，

$$x[k+1]=A\,x[k]+B\,u[k]$$
$$y[k]=C\,x[k]+D\,u[k] \tag{2.1}$$

と表されます．ここで，$u[k]$は入力，$x[k]$は現在の状態，$x[k+1]$は次の状態，$y[k]$は出力，そしてAはシステム行列，Bは入力行列，Cは出力行列，Dは直達行列です．多入力多出力多状態システムです．

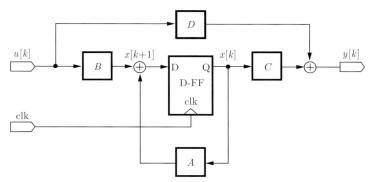

図2.1 ディジタルシステムの状態空間表現

図2.1のD-FFは，Delay Flip Flopの略です．**図2.2**に示すように，D-FFはclk信号の立上りで，Dへの入力を保持して出力Qに出します．ここで，重要なのは，clk（クロック信号）が立ち上がって，わずかな遅れ（Delay：Δ）が経ってから，出力Qが変化することです．これを入力dataは「clkに同期して」qに出力されるといいます．また，入力dataはclkに非同期であるといいます．このクロック同期は非常に重要であり，ディジタル回路を理解し，設計できるかのキーポイントといえます．

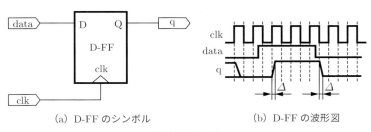

(a) D-FFのシンボル　　　(b) D-FFの波形図

図2.2 D-FF

図 2.3 に D-FF を用いた同期回路のプリミティブ（基本回路）を示します．これは，1 ビットレジスタといえます．まず，リセット端子 $\overline{\text{rst}}$ を「0」とすると，clk の立上りで同期リセットされます．MUX はマルチプレクサと呼ばれる素子で，s 入力（選択入力）が 0 だとデータ入力 x_0 を，1 だと x_1 を選択します．s 入力に入っている enb（イネーブル信号）が 0 だと出力 Q をフィードバックして更新されるだけですが，1 だと入力 data が書き込まれます．ここで重要なのは，書き込みをコントロールしているイネーブル信号です．そして，MUX は図 2.1 の A 行列にあたります．

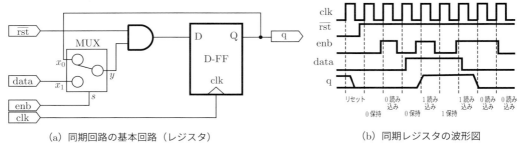

(a) 同期回路の基本回路（レジスタ）　　(b) 同期レジスタの波形図

図 2.3　同期回路のプリミティブ

入力が決まれば出力が一意に決定される回路を組合せ論理回路（Combination Machine）と呼び，図 2.1 および式（2.1）に示した A，B，C，D 行列にあたります．A 行列はフィードバックパスにあたり，これが加減算回路ならばアップダウンカウンタになります．B 行列は入力信号になんらかの処理（演算）を施して，次のクロック信号のタイミングで出力するためのものです．A，B 行列に対して，C，D 行列は clk に非同期になり，実は望ましくありません．ですが，接続される次段の入力行列と合わせて，次段のフリップフロップの clk 立上りタイミングに間に合えば，それで正しく動作します．すなわち，ディジタル回路のすべての D-FF のクロックが共通（グローバルでユニーク）であれば，そのディジタルシステムは確実に動作します．言い換えれば，A，B，C，D 行列が示す回路の動作速度がクロック周期よりも高速でありさえすれば，確実に動作することが保証されます．

もし，そうでなければ（つまり非同期であれば），論理合成器（Logic Synthesizer）は，タイミングをとることができなくなり（データベースに最悪値をもっているので，それをもとにタイミングをとれるか検証します），つじつまが合うように回路を合成します．しかしながら，どうしてもつじつまが合わなければ発散して，いつまでもコンパイルが終わらないことになります．そうはならなくても，速度のでない性能の低い回路が合成されるかもしれず，それでは FPGA を使うメリットがありません．

FPGA 開発のポイントの一つは，同期回路設計にあります．高位合成でディジタル回路を合成しようとしても，タイミングがきちんと把握されていなければ，思ったようなパフォーマ

ンスをだすことはできません．

図 2.4 に基本的な組合せ論理回路を示します．

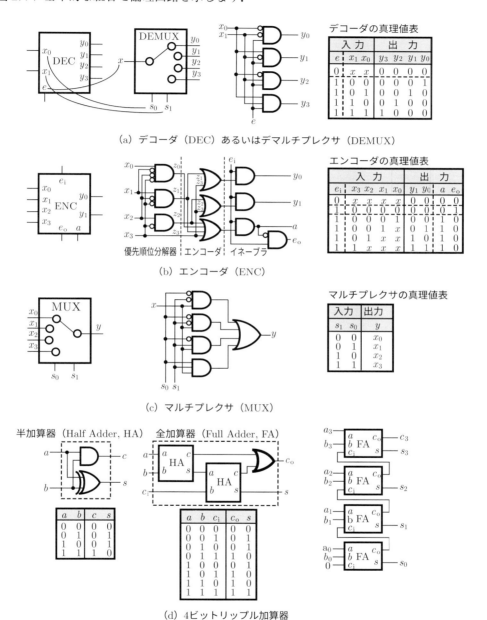

(a) デコーダ (DEC) あるいはデマルチプレクサ (DEMUX)

(b) エンコーダ (ENC)

(c) マルチプレクサ (MUX)

(d) 4ビットリップル加算器

図 2.4　基本的な組合せ論理回路

2.3 回路図とハードウェア記述言語，高位合成

ディジタル回路の記述方法には，以下に示すようないくつかの方法があります．

(1) 回路図（Schematics，スケマ（チック））→ブロック線図：**図 2.5**（a）
(2) 真理値表および状態遷移表：図 2.5（b）
(3) 状態遷移図（グラフ）：図 2.5（c）
(4) フローチャート：図 2.5（d）
(5) ハードウェア記述言語（Verilog HDL，VHDL）
(6) 高級言語（C/C++，最近では Python なども）

実際に EDA ツール（本書では，Intel 社の Quartus Prime）で使ってみて，見た目にわかりやすいのは（1）回路図です．ただし，ディジタル回路のことがわかっている必要があります．これは階層化されたブロック線図としてクリックしていくと，どんどん詳細化していけ

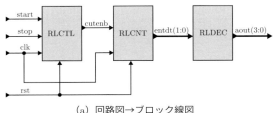

(a) 回路図→ブロック線図

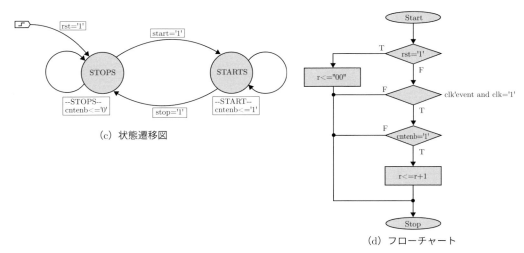

(b) 真理値表および状態遷移表

(c) 状態遷移図

(d) フローチャート

図 2.5 ディジタル回路の入力（Entry，エントリー）の種類

ます．また EDA ベンダ（この場合は Intel 社）が用意してくれているライブラリ，特に LPM（Library of Parameterized Module）を使って，自分なりにカスタマイズしていけば，非常に手軽です．また，顧客に説明するのにも適しています（言語に比べて，視覚的に把握しやすい）．ただし，欠点もあります．グラフィックベースなので他社の EDA ツールには移植できません．また，マウスなどで配線するということは，一見配線できているように見えて，実は接続されていないなどの初歩的なミスが生じる可能性があります．

実は，図 2.5 は Summit Design 社（2006 年に Mentor Graphics 社により買収）の「Visual-HDL for VHDL（Verilog HDL）」というツールで，(a) 回路図，(b) 真理値表，(c) 状態遷移図，(d) フローチャートをグラフィカルに「作図」して，「コンパイル」すると，VHDL/Verilog HDL 言語に翻訳してくれるというものです．非常に便利で面白く，確かにそれがどのような VHDL や Verilog HDL 記述になるかを勉強するためには，大変よい教材でした．

（2）真理値表および状態遷移表は，大変よい記述方法です．表計算ソフト（Excel）で作表でき，CSV（コンマ区切り）形式で保存できるので，移植性も良好です．表形式なら，Unix 系のフリーツールの SIS（kiss 形式）というのもあります．

（3）状態遷移図（グラフ）は表現手段としては大変優れています．特に，順序回路の動作を検証するには，これ以上のものはないでしょう．フリーツールの出現が望まれます．

（4）フローチャートは，ソフトウェアのプログラミングではお馴染みのもので，大変よい記述方法に思えます．しかし，ハードウェアは基本的に並列処理ですが，フローチャートでは回路が直列に並ぶということになります．実際にはハードウェアは 2 次元（3 次元以上でも）に実体があり，それぞれが完全に並列に動作します．ソフトウェア（マイコン）のように逐次処理をして，また並行（時分割）処理（Time Sharing Service：TSS）とはなりません．

そして，(5) ハードウェア記述言語（Verilog HDL，VHDL）による回路記述が現在の本命です．これについては第 1 章ですでに述べたとおりです．

最後に，(6) 高級言語（C/C++，最近では Python も）による回路記述です．実は，以前から注目されていますが，最近実用に供するようになってきました．しかしながら「膨大な C/C++ のアルゴリズムを，そのままハードウェアに移植する」というのは，大変魅力的に聞こえ，偉い人（上司）や会社の方針で，やろうとしてもなかなかそうはうまくはいかないのが現実です．実際にはなかなかパフォーマンスがでないので，エキスパート技術者がチューニングしているようです．

2.4 回路図による回路開発演習

それでは，ごく基本的ですが知っていると役に立つ回路の設計を通して回路開発を実感してみます．

2.4.1 半加算器から全加算器を作る

まずは，すべての演算回路（加減乗除など）の基本である半加算器を用いて全加算器を作ってみましょう．それぞれの真理値表は**表 2.1** に示すとおりで，1 ビットの入力信号を加算して，2 進数として出力しています．つまり，半加算器は入力が 2 ビットで，全加算器は入力が3 ビットで，出力が 2 進数の加算回路です．

表 2.1　半/全加算器の真理値表

半加算器		全加算器	
入力	出力	入力	出力
$a, \ b$	$c_o, \ s$	$c_i, \ a, \ b$	$c_o, \ s$
00	00	000	00
01	01	001	01
10	01	010	01
11	10	011	10
		100	01
		101	10
		110	10
		111	11

この真理値表を眺めると，半加算器は**図 2.6**（a）のように，出力の 0 桁目 Sum（端子 s）[†2]は EX-OR ゲートであり，1 桁目は 0 桁目からの桁上げ（Carry Out，端子 c_o）で AND ゲートなのがわかります．

全加算器は標準積和形で 2 段回路を用いて表現すると図 2.6（b）のようになります．興味深いことに 0 ビット目（Sum の最下位ビット）は半加算器と同じ EX-OR ゲートです．1 桁目は0 桁目からの桁上げ（Carry）ですから，2 つ以上の入力が '1' であれば出力が '1' になります．つまり，ab, bc, ca のそれぞれ AND をとり，OR すればよいです．この性質により，多数決回路と呼ばれます．

そして，半加算器から全加算器を作ることができます．すなわち，半加算器の出力は 0 桁目（Sum）と 1 桁目（Carry）の重みをもっていて，残りのもう一つの入力は 0 桁目の重みなのですから，**図 2.7** のようにさらに半加算器を使うことにより 0 桁目を出力することができ，そ

[†2] 2 進数では最下位ビット（LSB）は 0 桁目と表現するほうが回路設計やソフトウェア開発においては便利です．もちろん，1 桁目と表現するのが一般生活向けです．

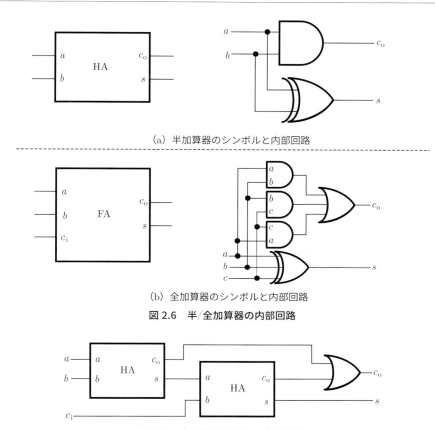

(a) 半加算器のシンボルと内部回路

(b) 全加算器のシンボルと内部回路

図 2.6 半/全加算器の内部回路

図 2.7 半加算器を用いた全加算器

の1桁目とその前の半加算器の1桁目を加算すると，出力の1桁目が計算できます．ここで，3つの1ビット入力がすべて '1' でも出力は '11' と2桁に収まるので，半加算器を使うまでもなくその1桁目の EX-OR ゲートだけでよいのですが，よく考えると実は OR ゲートでよいことがわかります．

Quartus Prime による開発手順

ここでは，Quartus Prime の回路図エディタによる開発手順を示します．プロジェクト名は全加算器の「FA」として，第1章の開発手順のように設定してください．

(1) 回路図エディタで図 2.6（a）の半加算器「HA」を作図して，その名前で保存し「Create Default Symbol」します．
(2) 回路図エディタで図 2.7 の全加算器「FA」を作図します（HA を使う）．
(3) Intel 社純正の MAX 10 評価ボードのピンアサインは表 1.1 のとおりですが，スイッチ，LED とも負論理（1のとき，低い電圧（Low）を出力する．逆に正論理は1のとき，高い電圧（High）を出力する）なので入出力ピンに NOT ゲートを挿入して実験するとわ

かりやすいです．

2.4.2 N ビット入力加算器

さて，1ビットの入力信号を2進数に変換するということは，シリアル入力－パラレル出力変換器にほかなりません．シリアル（1ビット）入力というのがわかりにくいかもしれませんが，図 2.8 に示すように PWM とか PDM といわれる ON/OFF だけの信号です．PWM 波形は，モータ速度制御によく使われる信号で，周期が一定で，ON 時間が可変で，そのデューティ比（平均値）で値を表現します．一方の PDM 波形は，周期が可変で，ON 時間が一定で，これも時間平均で値を表現します．PDM 信号はディジタルアンプ（1ビット信号処理）で多用されていますが，実は重要な応用があります．

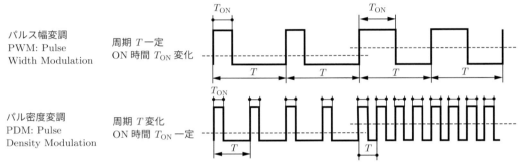

図 2.8　1ビット信号，PWM 波形と PDM 波形の違い

PDM 信号の重要なところは，AI 技術において近年注目されているディープラーニング（深層学習）のもとになるニューラルネットワーク（神経回路網）の基本であるところです．図 2.9 がその神経細胞の模式図です．軸索（シナプス）からの刺激が神経細胞（ニューロン）に蓄積され，それがしきい値を超えると，そのニューロンからほかのニューロンに対してシナプスを介して刺激が伝わるという構造をしています．実際の脳細胞は数億ものニューロンのネットワークで，それぞれがいろいろなリズムで刺激し合って思考しているといわれています．そ

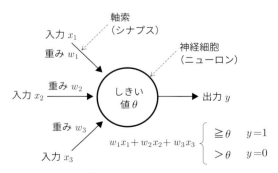

図 2.9　神経細胞（ニューロン）の模式図

のそれぞれのリズムというのが，実は PDM 信号にほかならないわけです．

ここではディープラーニングの詳細な説明は行いませんが，ニューラルネットワークは**図 2.10** のような階層構造になっており，問題を解かせて，それが正答（教師解答）になるように，中間層のパラメータを更新していきます（バックプロパゲーション，誤差逆伝播法）．ディープラーニングとは，この階層を深くして意味をもたせていくという最新の研究成果です．

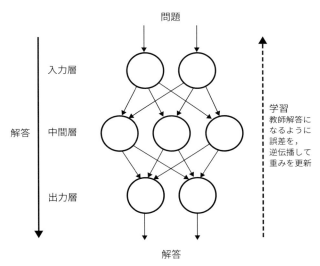

図 2.10　階層型ニューラルネットワーク（ディープラーニング）

それでは，4 ビット以上のシリアル－パラレル変換加算器を作成してみましょう．**図 2.11** に示すように，半加算器，全加算器，そして 4 ビット入力加算器を用いて，構成していきます．

Quartus Prime による開発手順

ここでは，Quartus Prime の回路図エディタによる開発手順を示します．プロジェクト名は「add?bit」（? はビット数．4〜8）として，第 1 章の開発手順のように設定してください．

(1) 回路図エディタで図 2.6（a）の半加算器「HA」および図 2.7 の全加算器「FA」を作図して（図 2.11（a）（b）），その名前で保存し「Create Default Symbol」します．

(2) 図 2.11（c）の 4 ビット入力加算器（プロジェクト名 add4bit）を作図，コンパイルします．

(3) Intel 社純正の MAX 10 評価ボードのピンアサインは表 1.1 のとおりですが，スイッチ，LED とも負論理なので入出力ピンに NOT ゲートを挿入するとわかりやすいです．

(4) 同様に，図 2.11（d）の 5 ビット入力加算器（プロジェクト名 add5bit），そして一部を

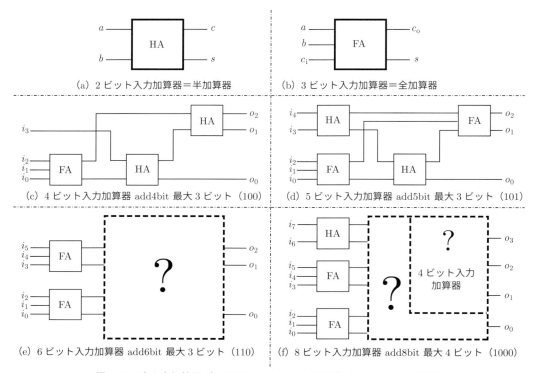

図 2.11 多入力加算器（シリアル－パラレル変換器）のネットワーク構成

「?」としていますが，図 2.11（e）の 6 ビット入力加算器（プロジェクト名 add6bit），図 2.11（f）の 8 ビット入力加算器（プロジェクト名 add8bit）も試してみてください（Intel 社 MAX 10 評価ボードでは，DIP スイッチ，LED ともオンボードでは 5 ビットまでです）．

ネットワーク接続
ディジタル回路（組合せ論理回路）は，以下のようなネットワーク接続で回路規模を大きくしていけます．
（1）シリアル（シーケンシャル/カスケード）接続
（2）ビットスライス（パラレル/カスコード）接続
（3）ツリー接続
（4）多次元（位相幾何学的）接続

2.4.3 PWM 波形発生器による LED の明度コントローラ

図 2.8 で紹介したように 1 ビット（シリアル）信号の一種である PWM 波形は，周期が一定で，ON 時間が可変の信号であり，そのデューティ比（平均値）で値を表現します．モータ速度制御によく使われますが，ここでは LED の明度コントロールをしてみましょう．

つまり，ON/OFF を速い周波数で繰り返すことにより，LED の残像を利用して点灯しているように見せますが，その ON 時間を可変することにより，擬似的に見た目の明るさを変えようということです．ただし，十分考慮しないといけないことは，PWM 信号の周波数（f〔Hz〕＝$1/T$〔s〕，T は周期）をどれくらいにするかです．その最小値は，ちらつき（フリッカ）に対する目の感度によって決まります．照明設計の最近のガイドラインでは，長期的な健康への影響が生じない場合は，80〜100 Hz 以上にすることを推奨しています．さらに，カメラ用の光源として使う場合は，点滅が画像にでてしまうことがあり，500 kHz もの高い周波数が使われます．

ここでは，**表 2.2** の仕様で設計します．

表 2.2　PWM 信号による LED 明度コントローラ仕様

PWM 周波数	100 kHz
分解能	5 ビット（2^5＝32 レベル）Intel 社 MAX 10 ボード，DIP スイッチ

PWM 周波数 100 kHz として，5 ビット分解能ならば 2^5＝32 倍の 3,200 kHz＝3.2 MHz のクロック信号が必要ですが，Intel 社 MAX 10 評価ボードのシステムクロック周波数は 50 MHz なので，50/3.2＝15.625 倍（4 ビット（16 倍））分の余裕があることがわかります．システムクロックをそのまま使うなら，9 ビット分解能が可能ということです．

PWM 信号の生成には，**図 2.12** に示すように基本的には，電圧設定値とノコギリ波をコンパレータで比較することで実現できます．これはアナログ回路でも簡単に実現できますが，ディジタル回路で実現したほうが単純明快で高精度です．

ノコギリ波の発生には，同期カウンタを用います．0 からカウントアップしていき，カウンタ長が N ビットであるならば，最大 2^N-1 に達し，次に 0 にオーバーフローすることにより，ノコギリ波形出力となります．

Quartus Prime による開発手順

それでは Quartus Prime で入力していきます．プロジェクト名は pwmledtest として，第 1 章の開発手順のように設定してください．

比較器（Comparator）の出力は，電圧設定値 A＞ノコギリ波値 B となる場合（A＞B）の比較結果で，PWM 信号となります．この場合，デューティ比は $0 \sim 2^N-1$ となり最大値 1 は発生できませんが，それは 1 という定数なので PWM ドライバで実現しなくてもよいと考えるべきです．

図 2.13 に Quartus Prime による回路図（Block Diagram）を示します（注意：図 2.13 は pwmled という名前で保存し，メニューから「File」→「Create/Update」→「Create Symbol Files for Current File」してください）．図 1.27 のように，回路図エディタの任意の位置でダブルクリックし，「megafunction」の「arithmetic」のなかから「lpm_counter」を選び，

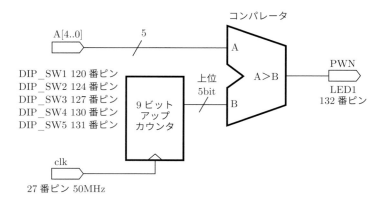

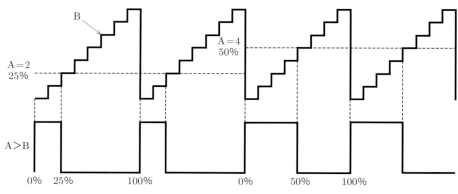

図 2.12　PWM 信号発生回路と動作例

「Ports」タブで入力は「clock」のみ，出力は「q[ ]」のみを「Used」にし，「Parameter」タブで「LPM_DIRECTION」を「up」に，「LPM_WIDTH」を「9」に設定します．また，もう一つの「lpm_compare」は，「Ports」タブで入力は A ポートの「dataa[ ]」と B ポートの「datab[ ]」を，出力は A＞B を意味する「agb」だけを「Used」にし，「Parameter タブ」で「LPM_WIDTH」を「5」に設定します．

そして，プロジェクト名 pwmledtest と同じ名前の**図 2.14** の回路図（Block Diagram）を作成してください．前述したように，Intel 社純正 MAX 10 評価ボードは，オンボードの DIP スイッチと LED が負論理なので，回路図エディタの任意の位置でダブルクリックし，「primitives」のなかの「logic」から「not」を選んで，その入出力を反転します．

図 1.44 の方法でピンアサイン（ピン番号の設定）し，図 1.41 のようにコンパイルし，図 1.50 以降のように書き込んで，テストしてみてください．

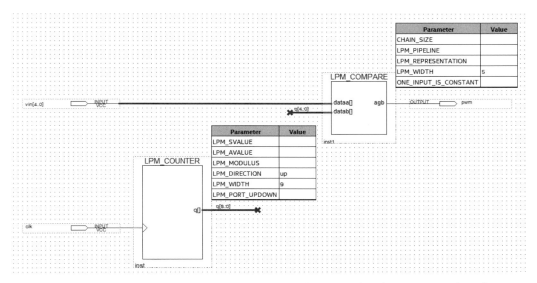

図 2.13　Intel 社 Quartus Prime による PWM 信号発生回路の回路図（Block Diagram）記述

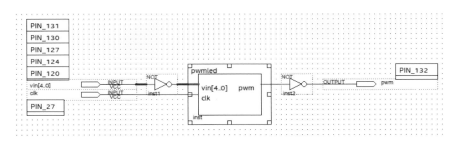

図 2.14　LED の PWM 駆動による明度コントローラの回路図

図 2.15 に，右下の LED を上から 100，50，25，12.5，6.25，3.125％で PWM 駆動した例を示します．フルカラーにすると好きな色を出すことができます．

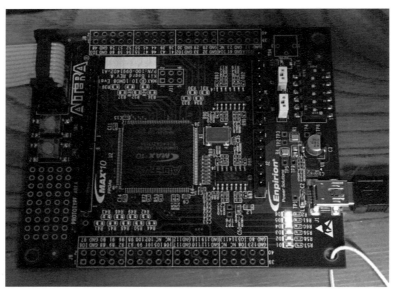

図 2.15　LED の PWM 駆動による明度コントローラのテスト

第3章

FPGA による応用回路設計

FPGA は，これまで説明してきたように超大規模な書込可能 IC です．所望の回路をどのようなディジタル回路で実現しても構わないのですが，FPGA で実現することのメリットを以下に示します．

(1) ピン数が圧倒的に多い：意外と便利です．
(2) 高速で正確：現実的にこれより高速な実現手段はありません．また，ディジタル回路でクロック同期（水晶発振精度）なので，きわめて時間的に正確です．1年間で数秒しか狂いません．
(3) 在庫対策：なんでも移植できるので，廃品種（ディスコン）は基本的に無縁です．

本書の主目的である，第4章「PLL モーション制御」は，(2) の特徴をディジタル制御系に生かしたものです．キーポイントは，多ビット長のデータ（C 言語なら char（8 ビット），int（16 ビット），long（32 ビット））で分解能を確保するのではなく，時間軸のパルス幅（PWM）やパルス密度（PDM）の平均で分解能を確保することです．これは，実現面でこれ以上の手段はない FPGA ならではのアプローチです．特に重要なのは，それが回路規模的に大容量，超高速で行うことができるということです．

本章では，第4章「PLL モーション制御」の実現につながるように，FPGA の正確で高速なタイミング処理の実際を把握してもらうため，以下，それぞれの作品を例にとって説明していきます．

3.1　ラジコン用サーボモータドライバ

3.2　ロータリーエンコーダカウンタ

3.3　ストロボ発光器

3.4　ディジタル砂時計

3.5　ディジタル LED 針式時計

なお，紹介しきれなかった実際の Quartus Prime で記述した VHDL ソースファイルや回路図は，本書のサポートページから入手することができます．

https://maizuru-cwm.com/ohm_fpga/

3.1 ラジコン用サーボモータドライバの設計

図 3.1 のラジコンサーボは，非常に長い歴史をもつ「位置サーボ系」です．FPGA で実現することのメリットは以下のようなものです．

- 非常に高精度（水晶発振精度）
- 多チャンネル分実現可能

図 3.1　ラジオコントロール・システム（FUTABA 社）

これは，たとえば多関節ロボットなどを実現することに適しています．

一般的なラジコンサーボでは，図 3.2 のような PWM 信号が規定されています．2.4.3 項で PWM 波形発生器を紹介しましたが，今回の場合はパルス幅が指定されているので，図 3.3 に示すような，一発ずつのパルス幅を出力するワンショット回路で実現してみます．ここでは，指定のパルス幅を 8 ビットの 2 進数で与えることにしますので，図 3.4 のグラフの関係となります．

3.1 ラジコン用サーボモータドライバの設計

ケーブル色	信号名
橙	制御信号（PWM）
赤	電源（DC 4.8～7.5V）
黒	GND

(a) RC サーボ信号名（FUTABA 社）

(b) RC サーボの PWM 信号

図 3.2 ラジコンサーボの信号線

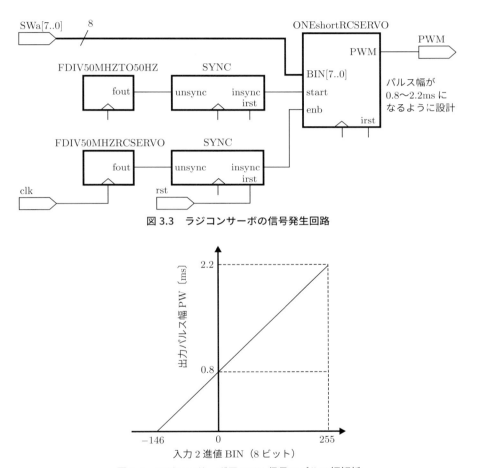

図 3.3 ラジコンサーボの信号発生回路

図 3.4 ラジコンサーボ用 PWM 信号のパルス幅解析

ここで，ラジコンサーボ用の PWM 信号のパルス幅を，入力 8 ビットの分解能とすると，時間分解能は次式のとおり，5.5 μs となります．

$$\Delta t = \frac{2.2 - 0.8}{255} = 0.0055 = 5.5 \, \mu s \, / \, \mathrm{BIN}$$

70 | 第3章　FPGA による応用回路設計

これを数えるカウンタの大きさは，次式のとおり，9 ビットになります．

$$\mathrm{Ceil}(\log_2(146+255)) = 9$$

ここで，Ceil は（小数点付き）実数を切り上げする関数で，$\log_2$ は底が 2 の対数で，カウンタの大きさを調べるときによく使う関数です．

なお

$$\log_2 x = \frac{\log_{10} x}{\log_2 10} = \frac{\log_{10} x}{0.301}$$

です．

　リスト 3.1 にラジコンサーボ用のワンショットマルチバイブレータ ONEshotRCSERVO.vhd のリストを示します．VHDL については，付録 A.2「VHDL かんたん解説」を参照してください．意外と簡単ですが，ディジタル回路特有の「同期回路設計」を意識すべきではあります．

リスト 3.1　ワンショット回路の VHDL リスト：ONEshotRCSERVO.vhd

```vhdl
 1  -- One shot multi vibrator for RC servo
 2  -- up-edge to 0.8 to 2.2 msec
 3  -- (2.2-0.8)/256=5.5usec/bin
 4  -- 0.8*256/(2.2-1.8)=146 -> 010010010(b)
 5  -- 256+146=402 -> 9bit
 6
 7  library IEEE;
 8  use IEEE.std_logic_1164.all;
 9  use IEEE.std_logic_unsigned.all;
10
11  entity ONEshotRCSERVO is
12    port(start,enb,clk,irst: in std_logic;
13         BIN: in std_logic_vector(7 downto 0);
14         PWM: out std_logic);
15  end;
16
17  architecture rtl of ONEshotRCSERVO is
18  signal cnt: std_logic_vector(8 downto 0);
19  begin
20    PWM <= cnt(8) or cnt(7) or cnt(6) or cnt(5) or cnt(4)
21                 or cnt(3) or cnt(2) or cnt(1) or cnt(0);
22    process (clk) begin
23      if(clk'event and clk='1') then
24        if(irst='0') then
25          cnt <= (others=>'0');
26        elsif(start='1') then
27          cnt <= "010010010" + ('0' & BIN);
28        elsif(enb='1') then
29          if(cnt /= "000000000") then
```

```
30              cnt <= cnt - '1';
31            end if;
32          end if;
33        end if;
34      end process;
35  end rtl;
```

さて，フレームタイムの 20 ms（50 Hz）と時間分解能の 5.5 μs（181.8 kHz）を発生するのが，それぞれ図 3.3 の FDIV50MHZTO50HZ，FDIV50MHZRCSERVO です．これは，システムクロック（Intel 社純正 MAX 10 評価ボードでは 50 MHz の水晶発振子モジュールがオンボードに搭載されています）clk を整数で「分周」して，正確に作り出されます．

リスト 3.2 に，その VHDL リストを示します．ここで，必要な分周比は，システムクロック clk＝50 MHz で，これを T＝5.5 μs の周期にするのですから，

$$\frac{\text{clk}}{T} = 50 \times 10^6 \times 5.5 \times 10^{-6} = 275$$

であり，必要なカウンタ長さは，

$$\text{Ceil}(\log_2 275) = \text{Ceil}\left(\frac{\log_{10} 275}{0.301}\right) = 9$$

ですので，リスト 3.2 中の 18 行目，22 行目のように，必要に応じて設計することができます．もちろん，このような単純な分周だと，デューティー比は 50% にはなりませんが，重要なのは立上りのタイミングだけであり，これをシンクロナイザ sync で検出するわけです．

動作例を，次の YouTube 動画に示します．

https://youtu.be/_05vhHfBuqo

そして，この図 3.5 のシンクロナイザ sync こそが，同期式ディジタル回路を設計する上で重要な要素になってきます．そこで，少し詳しく解説します．

72 | 第 3 章　FPGA による応用回路設計

リスト 3.2　定クロック発生回路の VHDL リスト：FDIV50MHZRCSERVO.vhd

```vhdl
 1  -- frequency 50MHz to 5.5usec    VHDL source code 2019/1/7
 2  -- 50,000,000*0.0000055=275 ,
 3  -- log2(275)=log10(275)/log10(2)=8.12 -> ceil=9
 4
 5  library IEEE;
 6  use IEEE.STD_LOGIC_1164.ALL;
 7  use IEEE.STD_LOGIC_UNSIGNED.ALL;
 8
 9  entity FDIV50MHZRCSERVO is
10  port ( clk : in  std_logic;
11         fout : out std_logic );
12  end;
13
14  architecture rtl of FDIV50MHZRCSERVO is
15    signal Q1:std_logic_vector(8 downto 0);
16
17  begin
18    fout <= Q1(8);
19
20  process(clk) begin
21    if (clk'event and clk='1') then
22      if (Q1=274) then Q1 <= (others =>'0');
23        else Q1 <= Q1+1;
24      end if;
25    end if;
26  end process;
27
28  end rtl;
```

　シンクロナイザとは，同期化器あるいは微分器と呼ばれる回路です．なにをするかというと，スイッチなどのシステムクロック信号 clk と，時間的に無関係な（非同期な）信号を同期化，すなわちシステムクロック clk の立上りに一致させる（厳密にはわずかの遅れがある）回路です．いったん信号が同期化されると，「その次の clk の立上りまでに処理を終え」れば，そのときに，確実に次段のフリップフロップで取り込まれて誤動作しないことが保証されるのです．これは非常に大切なことで，同期化されていないと，タイミングを合わせるのを保証することが難しいばかりでなく，（Quartus Prime のような）EDA ツールの論理合成ツールがつじつまを合わせようと（回路のタイミングのデータベースに基づいて計算している）しても，つじつまが合わなくなり，最悪の場合，論理合成ツール自体が発散してしまうことがありえるのです．逆にいうと，フリップフロップの動作速度の限界（MAX 10 評価ボードでは 50 MHz ですが，PLL で内部逓倍して数百 MHz，すなわち数 ns）で動作させる（制限される）ということなのです．

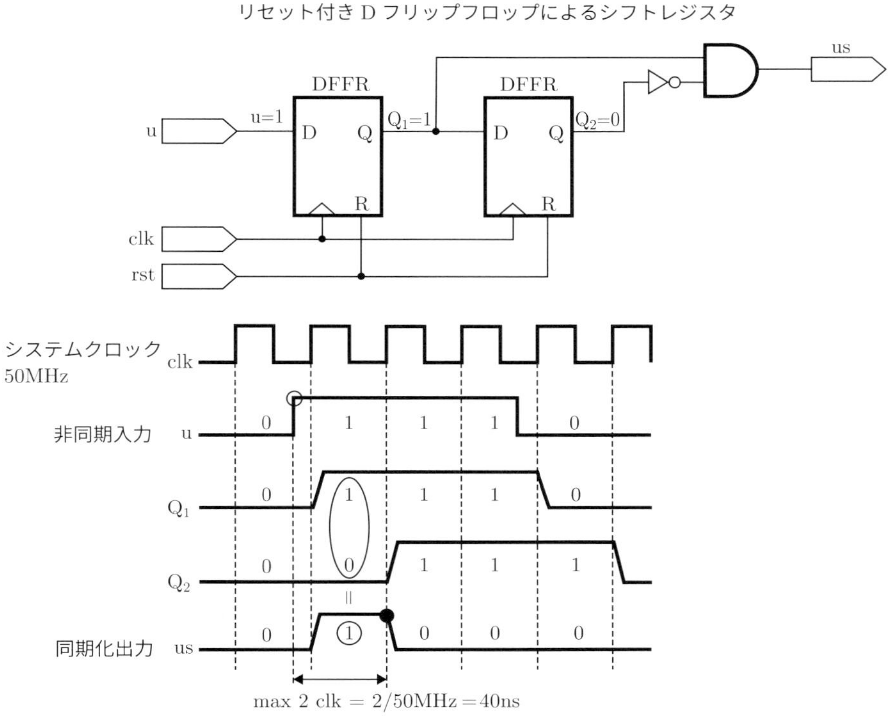

リセット付き D フリップフロップによるシフトレジスタ

図 3.5　シンクロナイザ（同期化器）の回路図と動作波形図

　図 3.5 の動作波形図を説明すると，非同期入力 u の，次のシステム clk の立上りで，初段の
フリップフロップの出力 Q_1 が 1 に変化し（立上り時点では 0 であることに注意），さらにそ
の次の clk の立上りで，次段のフリップフロップの出力 Q_2 が 1 に変化します．このとき，入
力 u が 0 から 1 に変化したところは，$Q_1 = 1$，$Q_2 = 0$ のところですので，その AND をとりま
す．それで結論として，clk の立上りだけで 1 になっているのは，同期化出力 us が○で囲ん
だ 1 の時点だけです．実際に，非同期入力 u が 1 に立ち上がって，最大 2 clk たってから同期
化出力 us が 1 に立ち上がるわけですが「たかだか 2 clk＝40 ns」しかかからないので，問題
にならないのです．

　実際に，ラジコンサーボを図 3.3 の回路で駆動できるわけですが，実験の様子は次節のロー
タリーエンコーダと組み合わせて紹介します．

3.2 ロータリーエンコーダカウンタの設計製作（ラジコンサーボの指令も含む）

ディジタルボリュームとでもいうべき部品に，図3.6に示すロータリーエンコーダがあります．アナログのボリュームつまり可変抵抗のように三本脚ですが，ディジタルですので，1つがコモン（グラウンド）端子Cで，端子A，Bに位相が90°ずれたパルス信号が出力されます．AとBのどちらが早く変化するかで回転方向が判別できるわけですが，Aの立下り時にBが1ならば正回転，Bが0ならば逆回転とも判断できます．

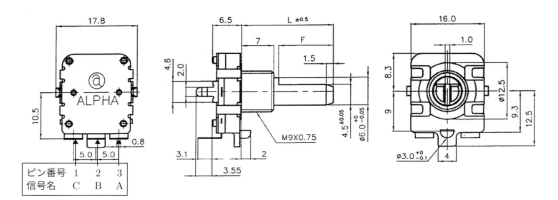

5kΩ プルアップ時，チャタリング時間 2ms

秋月電子通商　ロータリーエンコーダ［RE160F-40E3-20A-24P-003］　1個 ¥200（税込，執筆時点）

図3.6　安価な機械式ロータリーエンコーダ

ただし，安価な機械式すなわち接触式のロータリーエンコーダの最大の問題は，チャタリングです．仕様によると，5 kΩ プルアップ時でチャタリング時間 2 ms です．そこで**図 3.7** に示すように，A 信号を 2 ms すなわち 500 Hz のクロックでチャタリング除去を行った（**図 3.8** および**リスト 3.3** の det_edge_mre.vhd）後，B 信号が 0 か 1 かを判定（**リスト 3.4** の det_dir_mre.vhd）して回転方向を弁別します．

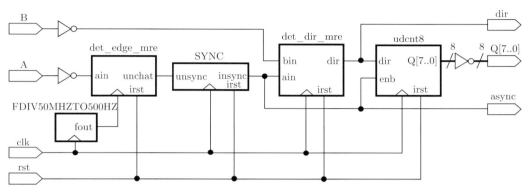

図 3.7 機械式ロータリエンコーダ用のカウンタ回路

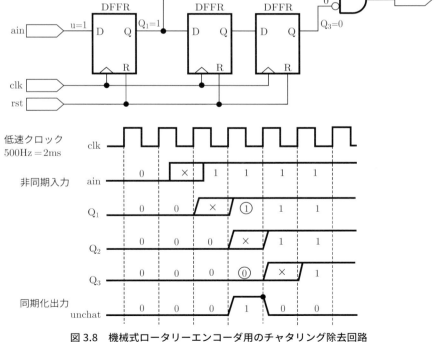

図 3.8 機械式ロータリーエンコーダ用のチャタリング除去回路

76 | 第 3 章　FPGA による応用回路設計

**リスト 3.3　チャタリング除去回路の VHDL リスト det_edge_mre.vhd：A 信号を 2 ms つまり 500 Hz のク
ロックでチャタリング除去を行う回路**

```
1  -- Date        : 2019/1/7
2  -- Author      : Hidekazu Machida
3  -- Description : detect edge for mechaninal rot.enc.
4
5  library ieee;
6  use ieee.std_logic_1164.all;
7
8  entity det_edge_mre is
9    port (
10     clk,irst,ain : in  std_logic;
11     unchat       : out std_logic );
12 end;
13
14 architecture rtl of det_edge_mre is
15   signal Q1,Q2,Q3 : std_logic;
16 begin
17   process (clk) begin
18     if(clk'event and clk = '1') then
19       Q1<=ain; Q2<= Q1; Q3<= Q2;
20       if(irst='0') then
21         Q1<='0'; Q2<='0'; Q3<='0'; unchat<='0';
22       elsif ( (Q1 and Q2 and (not Q3)) = '1') then
23         unchat <= '1';
24       else
25         unchat <= '0';
26       end if;
27     end if;
28   end process;
29 end rtl;
```

**リスト 3.4　回転方向弁別回路の VHDL リスト det_dir_mre.vhd：B 信号が 0 か 1 かにより，回転方向を判別
する回路**

```
1  -- Date        : 2019/1/7
2  -- Author      : Hidekazu Machida
3  -- Description : detect direction for mechaninal rot.enc.
4
5  library ieee; use ieee.STD_LOGIC_1164.all;
6
7  entity det_dir_mre is
8    port (
9      clk,irst,ain,bin : in  std_logic;
10     dir              : out std_logic );
11 end;
12
13 architecture rtl of det_dir_mre is
14 begin
15   process (clk) begin
16     if(clk'event and clk = '1') then
```

```
17        if(irst='0') then
18          dir <= '0';
19        elsif(ain='1') then
20          if (bin = '0') then
21            dir <= '0';
22          else
23            dir <= '1';
24          end if;
25        end if;
26      end if;
27    end process;
28 end rtl;
```

ここで図 3.7 は，チャタリング除去回路 det_edge_mre.vhd 以外は，clk もリセットもすべて共通（グローバルでユニーク）になっていることに注意してください．これこそが，同期回路設計のキーポイントです．チャタリング除去回路 det_edge_mre.vhd の出力もシンクロナイザ sync でシステムクロック clk に同期化しています．

また，図 3.8 およびリスト 3.3 のチャタリング除去回路 det_edge_mre.vhd は，シフトレジスタで，低速クロック 500 Hz に同期化させ，チャタリングが起こっている不定期間をやり過ごしているだけで，スッキリわかりやすいでしょう．

リスト 3.4 の回転方向弁別回路 det_dir_mre.vhd は，A 信号入力 ain がシステムクロックに同期化されているので，システムクロックの立上りで，B 信号が 0 か 1 かで回転方向を判断しているだけです．

リスト 3.5 の 8 ビットアップダウンカウンタは，ごく汎用的なアップダウンカウンタですが，カウント値が 0 以下にはダウンカウントしないように，またカウント値がフル 255 以上にはアップカウントしないように，リミットをかけています．このような記述ができるのも，FPGA ならではのことです．汎用の MSI などでは煩わしいことになります．

リスト 3.5　8 ビットアップダウンカウンタの VHDL リスト udcnt8.vhd：0 〜 255 の範囲でオーバーフローしないようにしたアップダウンカウンタ

```
 1 ---------------------------------------------------------
 2 Library Name :  8bit synchronous up/down counter
 3 Unit    Name :  udcnt8.vhd
 4 -- By H.Machida 2019/1/7
 5 ---------------------------------------------------------
 6
 7 library ieee;
 8 use ieee.std_logic_1164.all;
 9 use ieee.std_logic_unsigned.all;
10
11 entity udcnt8 is
12   port (
13     clk,irst,dir,enb : in std_logic;
14     q  : out std_logic_vector(7 downto 0 ) );
```

```
15  end;
16
17  architecture rtl of udcnt8 is
18
19     signal cnt : std_logic_vector(7 downto 0 ):="00000000";
20
21  begin
22
23    process (clk) begin
24      if(clk'event and clk = '1') then
25        if(irst='0') then
26          cnt <= (others => '0');
27        elsif(enb='1') then
28          if(dir='0') then
29            if (cnt /= "11111111" ) then
30              cnt <= cnt + '1';
31            end if;
32          else
33            if (cnt /= "00000000" ) then
34              cnt <= cnt - '1';
35            end if;
36          end if;
37        end if;
38      end if;
39    end process;
40
41    q <= cnt;
42
43  end rtl;
```

　前節でラジコンサーボドライバを，本節でロータリーエンコーダカウンタを実現しました．
そこで，これを組み合わせて，リモコンにより，アクションカメラのジンバル機構（撮影向
きを変える）を操作する装置を実現してみました（図3.9）．図3.10の写真に示すように，
FPGAならではの高精度で，快適な操作性が得られています．
　動作例を，次のYouTube動画に示します．

　　https://youtu.be/-IidhXH7rKw

3.2 ロータリーエンコーダカウンタの設計製作（ラジコンサーボの指令も含む） 79

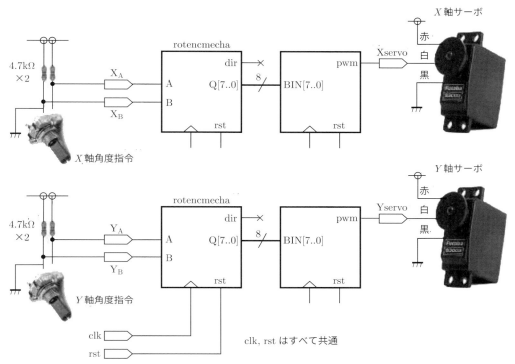

図 3.9 ロータリーエンコーダとラジコンサーボによるアクションカメラのジンバル操作

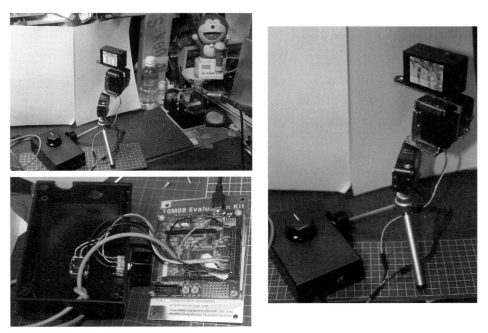

図 3.10 ロータリーエンコーダとラジコンサーボによるアクションカメラのジンバル操作

3.3 DDSとパルス発生器・ストロボ発光器の設計製作

　FPGAはシステムクロックclkを基準として動作します．すべてのD-FFが同じタイミングで同期駆動されることにより，確実に動作するというのが基本です．したがって，FPGA内部のclk信号ラインは特別に確保されていて，また各場所で進み遅れ（スキュー）がなるべくでないように，ツリー配線などが行われています．外部信号ピン番号も指定されていて，それを守らないとパフォーマンスがでないばかりでなく，最悪の場合は発熱してダウンしてしまいます（筆者も経験があります）．

　そこで，いろいろなタイミングを作り出すために，周波数を数値で指定できる発振器，すなわち数値制御発振器（NCO：Numerical Controlled Oscillator）があれば便利です．アナログ回路の場合は，電圧制御発振器（VCO：Voltage Controlled Oscillator）に相当します．いったんNCOの回路モジュールを作れば，それを何個でも使いまわすことができます．図3.11にその動作原理を示します．

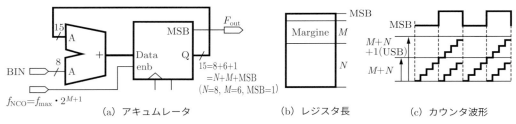

図3.11　NCOの動作原理

　とはいっても，この回路は単なるアップカウンタであり，単に最上位ビット（MSB）を出力しているに過ぎません．キーポイントは，増分（カウント幅）BINを（可変）入力にしているところです．図3.12に示すように，入力BINと出力F_{out}の周波数（すなわち，ノコギリ波形の個数）が比例します．

　それでは，そのイネーブル周波数f_{NCO}はどのように設計し，どのように実現するのでしょうか．図3.11中にあるように，NCOで発振させたい最高周波数をf_{max}とすると，$f_{NCO} = f_{max} \cdot 2^{M+1}$です．ここで$M$はマージンであり，2ビットくらいで十分です．$f_{max}$は，リスト3.2の定クロック発生回路で，システムクロック（MAX 10評価ボードならば50 MHz）をL進カウンタでL分周して作り出します．すなわち，分周方式では入力分周値Lに出力周期に比例するのですが，NCOでは入力増分値BINに出力周波数が比例するのです．

　これは簡易的な実現方法です．精度を出すためには，PLL（Phase Locked Loop）でキチンと設計したほうがよいですが，これで十分な場合が多いです．実際に，この回路は大変シンプルで，筆者もいろいろな応用に使っています．

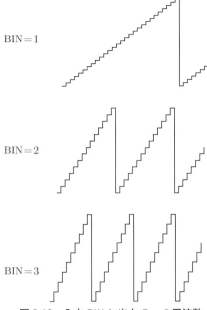

図 3.12　入力 BIN と出力 F_{out} の周波数

　なお，PLL を構築すれば，精度のよいクロック信号を任意の周波数で発生させることができます（PLL 周波数シンセサイザ）．PLL は FPGA に内蔵されており，MAX 10 評価ボードには 1 つ内蔵されています．もちろん，外部からの水晶発振モジュールの 50 MHz を逓倍して，200 MHz などにするのですが，他用してもかまいません．

　このようなカウンタ回路の応用の 1 つが，図 3.13 に示すダイレクトディジタルシンセサイザ（DDS：Direct Digital Synthesizer）です．ROM（波形メモリ）に書き込まれたサイン波などを読み出すディジタル式発振器です．ここで，NCO によって読み出す速さを指定すれば，周波数を設定できるようになります．

　ここでは，図 3.14 に示す LED ストロボ発光器を設計製作してみます．ディジタルカメラのマニュアルモードで，長時間シャッターと絞りをうまく調整すれば，図 3.15 のような写真を撮ることが可能です．

　動作例を，次の YouTube 動画に示します．

　　https://youtu.be/ke7ZXjuvtyM

　それでは設計目標ですが，だいたい 1,000 fps（frame per second：1 秒間 1,000 コマ），発光間隔が 1/1,000 s＝1 ms あれば高速度カメラといえそうです．

　すなわち，1,000 Hz＝1 kHz のクロック周波数が必要ですが，計算しやすいように 2 のべき乗数の 1,024 Hz としましょう．FPGA は，このような周波数を精密に扱えるのがメリットです．

82 | 第3章 FPGAによる応用回路設計

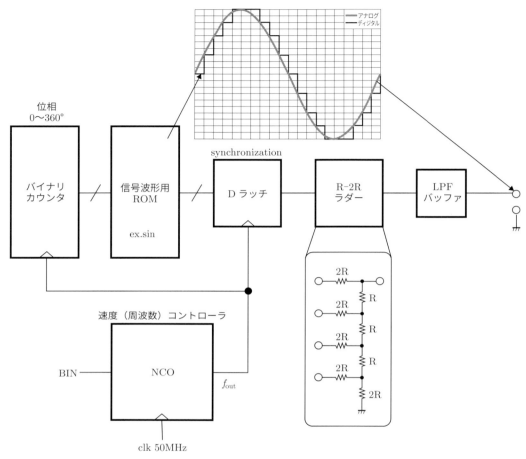

図 3.13 DDS：Direct Digital Synthesizer

図 3.14 LED ストロボ発光器

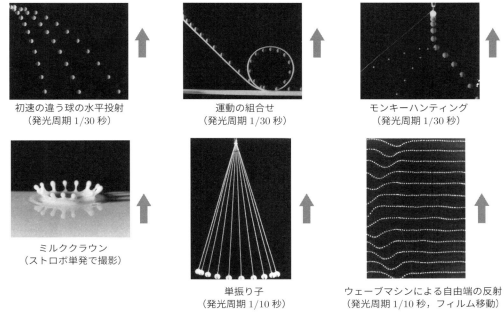

図 3.15 ストロボ発光器による多重露光写真の例

　NCO で任意分周しますので，原周波数を 2,048 kHz として，カウンタで分周していくと，**表 3.1** のように，11 ビットカウンタで最長発光周期 1 s までを 1 ms 間隔で設定できることがわかります．

表 3.1　NCO の分周比と出力周波数（周期）の関係

ビット数 N	分周比 2^N	周波数 f [Hz]	周期 T [ms]
1	2	1,024	1.0 ≒ 1
2	4	512	2.0 ≒ 2
3	8	256	3.9 ≒ 4
4	16	128	7.8 ≒ 8
5	32	64	15.6 ≒ 16
6	64	32	31.3 ≒ 32
7	128	16	62.5 ≒ 63
8	256	8	125
9	512	4	250
10	1,024	2	500
11	2,048	1	1,000

　図 3.16 に回路の全体図を示します．発光時間は発光間隔の半分とすれば，NCO の最上位ビット（MSB）ではなく，その1つ下位桁（MSBP）とすればよいだけです．入力値はサムホイールスイッチ（2 進コード出力），LED の駆動は Power MOSFET で行います．LED は

COB（Chip on Board：放熱板上に多数のLEDが直並列に並べられている）タイプが百円ショップで売られていますが，電流制限抵抗が入れられていないことが多いので，33Ωを3並列にして11Ωとします．これで約100 mAが流れて，結構明るくなるようです（電流制限抵抗なしだと500 mA程度流れ，電池がすぐ消耗します）．

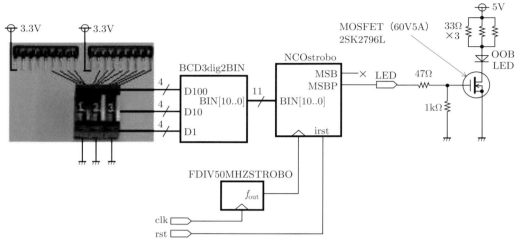

図 3.16　LEDストロボ発光器による多重露光写真の例

リスト 3.6にストロボ用NCOのVHDLソースリストを，リスト 3.7にBCD（2進化10進数）から2進数への変換回路のVHDLソースリストを示します．FPGAは，アーキテクチャはもちろん演算回路も実現できますし，データ型も最適なビット長さや特殊な浮動小数点でも実現できます（オールマイティ）．アイディア次第で特殊な専用計算機を実現することができるのです．

リスト 3.6　LEDストロボ用NCOのVHDLソースリスト NCOstrobo.vhd：ビットパラレル（2進数値）入力を，それに比例した周波数のパルス出力に変換する回路

```
 1  -- Date        : 2019/2/21
 2  -- Author      : Hidekazu Machida
 3  -- Description : NCO for LED strobo
 4
 5  library ieee; use ieee.std_logic_1164.all;
 6  use ieee.std_logic_unsigned.all;
 7
 8  entity NCOstrobo is
 9    port(
10      bin : in  std_logic_vector(10 downto 0);
11      clk,rst,enb : in std_logic;
12      MSB,MSBP : out std_logic );
13  end;
14
```

```
15  architecture rtl of NCOstrobo is
16  signal cnt : std_logic_vector(12 downto 0);
17
18  begin
19    process(clk) begin
20      if(clk'event and clk = '1') then
21        if(rst = '0') then
22          cnt <= (others => '0');
23        elsif(enb = '1') then
24          cnt <= cnt + ("00" & bin);
25        end if;
26      end if;
27    end process;
28    MSB  <= cnt(12);
29    MSBP <= cnt(11);
30  end rtl;
```

リスト 3.7　BCD（2 進化 10 進数）から 2 進数へ変換する VHDL ソースリスト BCD3dig2BIN.vhd

```
1   -- Date        : 2019/2/21
2   -- Author      : Hidekazu Machida
3   -- Description : 3 digit BCD code to Binary
4
5   library IEEE;  use IEEE.STD_LOGIC_1164.ALL;
6   use IEEE.STD_LOGIC_UNSIGNED.ALL;
7
8   entity BCD3dig2BIN is
9     port (
10      D100,D10,D1 : in std_logic_vector(3 downto 0);
11      BIN : out std_logic_vector(10 downto 0) );
12  end;
13
14  architecture rtl of BCD3dig2BIN is
15    signal m100,m10 : std_logic_vector(10 downto 0);
16    signal m1, tmp  : std_logic_vector(10 downto 0);
17  begin
18    m100 <= (not D100) * "1100100";
19    m10  <= (not D10)  * "0001010";
20    m1   <= "0000000" & (not D1);
21    tmp  <= m100 + m10;
22    BIN  <= tmp  + m1;
23  end rtl;
```

　リスト 3.7 は，BCD（2 進化 10 進数）入力から，2 進数に変換する回路です．BCD の 100，
10，1 の各桁は負論理入力（プルアップ）なので反転し，それぞれの重みを掛けて加え合わせ
ています（18 ～ 22 行目）．

3.4　ディジタル砂時計の設計製作

　次に，ディジタル「砂時計」を設計製作してみます．どのあたりが砂時計かというと，転倒センサという，上下方向だけの（一次元）センサにあります．すなわち，上下方向を逆にすると，設定した（分）秒から，ダウンカウントします．7セグメントLEDを利用して，上下方向に従って表示パターンが上下逆になるわけです．そして，カウント0になると「ピー」となります．すなわち，将棋の「切れ負け」カウンタに使えるというわけです．なお，カウントの途中で上下をひっくり返しても，設定した（分）秒から，ダウンカウントします．元ネタは数十年前の「ラジオの製作」誌の記事です．電池ボックスの重量で押し釦スイッチを押し，7セグメントLEDのデコードはダイオードマトリックスという素晴らしさでした．

　図3.17，3.18に，Design Wave Magazine誌の付録にあったFPGA（MAX II）版を示します．スタティック表示なので，配線が多く，フラットケーブルを多用しています．ダイナミック入出力にして配線数を少なくすべきでした．

図3.17　106ディジタル砂時計FPGA―Altera社MAX II版（裏面）

図 3.18　106 ディジタル砂時計 FPGA―Altera 社 MAX II 版

そこで，本書では Intel 社 MAX 10 で設計製作し直してみました．図 3.19 の「ディジタル砂時計」では，（ストーブなどの）転倒センサ，すなわち，上下方向だけを検出する一番簡単な方向センサを利用します．これにより上下方向を検出し，正立と逆立ちのどちらの場合でも，7 セグメント LED が上下に正しく見える向きに表示します．スタートするとダウンカウントしていき，0 になると「ピピピ」と鳴ります．キッチンタイマを思い浮かべてもらうとよいでしょう．ダウンカウント途中で上下反転すると，また設定値（最初は 3 分）からカウントダウンします．電源は小さなモバイルバッテリーとしました．また，見やすくするため，赤い下敷きを切って貼りました．

図 3.19　ディジタル砂時計 Intel 社純正 MAX 10 評価キット版（動作中）

もちろん，図 3.20 のように設定も変更することができます．「RUN/SET」（動作/設定）のスイッチを「SET」（設定）側にし，「UP」と「DOWN」の押しボタンスイッチで分あるいは秒単位で設定できます．最大値は「99 分 59 秒」です．

図 3.20　ディジタル砂時計 Intel 社純正 MAX 10 評価キット版（設定中）

動作例を，次の YouTube 動画に示します．

　　https://youtu.be/KRP3PbHwu2Y

初期値は 3 分，ラーメンタイマーです．

　この例の「ディジタル砂時計」の場合，単品製作ならばマイコンのほうが安くて簡単です．しかし，電子回路として見てみると，回路規模は FPGA，さらには ASIC にすれば大変コンパクトになります．最後はコストの問題だけです．

　図 3.21 に回路図を示します．それぞれのブロックは，VHDL で記述されています．付録 A.3 に全ソースリストを掲載しました．詳しくは，サポートページをご覧ください．回路がずいぶん大きくなりましたが，筆者の環境でコンパイル時間は 53 秒でした．

図 3.22 に，全体の回路図を示します．FPGA はピンアサイン（どのピンにどの信号を出すか）も設計できますので，大変シンプルになっています．

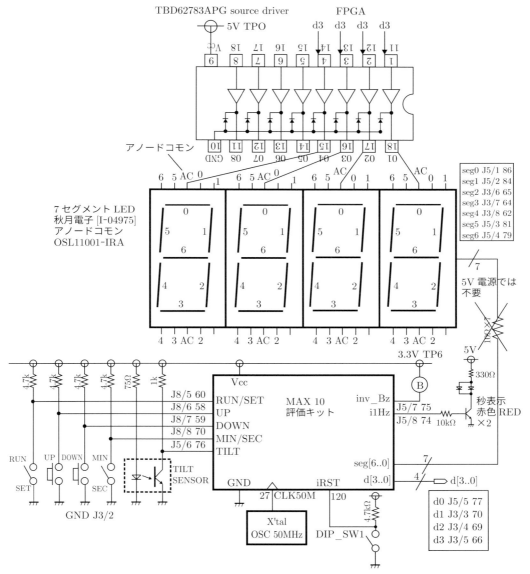

図 3.22　Intel 純正 MAX 10 評価キットによるディジタル砂時計の配線図

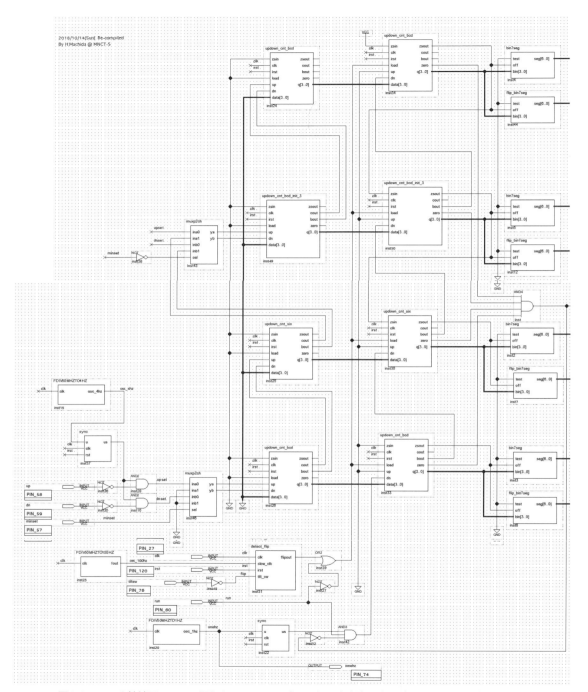

図 3.21　Intel 社純正 MAX 10 評価キットによるディジタル砂時計回路図（Quartus Prime）

3.4 ディジタル砂時計の設計製作

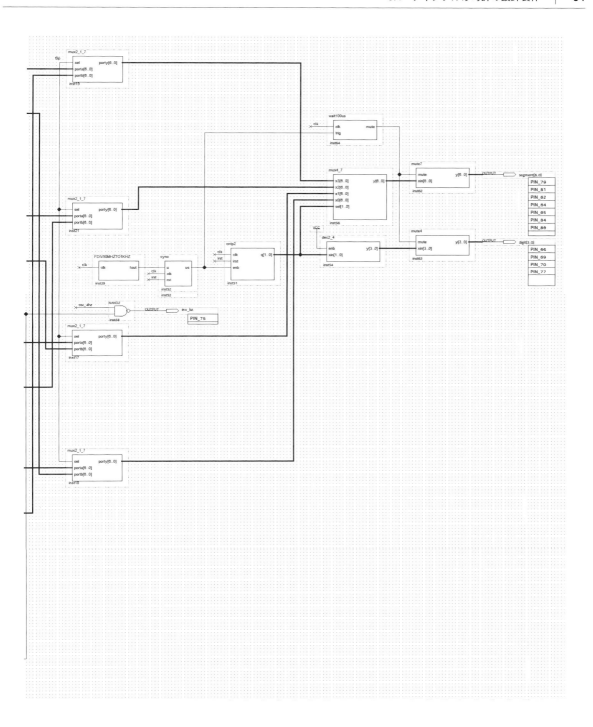

最後に，図 3.23 に 7 セグメント LED のダイナミック表示でのデッドタイムを紹介します．このデッドタイムを設けないと，表示が横に滲んでしまいます．FPGA ならピン数が多いので，スタティック接続し，桁ごとに PWM 駆動して消費電力を抑えたほうがよいかもしれません．すると各桁が滲むことはありません．（4 桁をスキャンするのではなく）そのようなことを考えられるのも回路開発の楽しみです．

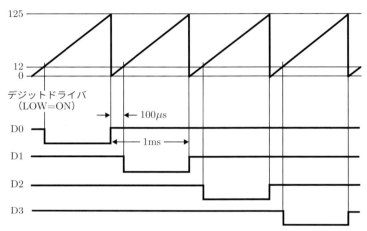

図 3.23　7 セグメント LED のダイナミック表示におけるデッドタイム

3.5　ディジタル LED 針式時計の設計製作

　ピンが潤沢にある FPGA の特徴を生かして図 3.24 のディジタル LED 針式時計を設計製作してみます．時/分/秒の針が回転するだけなのですが，それぞれがフルカラー LED の赤（R）/緑（G）/青（B）で表示され，重なるときは色が合成されます．また中心部には一般の 7 セグメント LED の時計も併設します．さすがにこれだと必要ピン数が多すぎるので，LED のダイナミック表示を行います．FPGA ならば任意の順序回路を実現できるので，簡単に実現することができます．

　それでも必要ピン数は 51 ピンです．外付け IC としてデコーダの 4028 を使用していますが，これを使わないなら，あと 36 ピン増えることになります．もちろん，もっと多ピンの FPGA もありますが，MAX 10 評価ボードで実現するためにこのようにしました．リーズナブルに仕上げるのも設計者の腕の見せ所です．

3.5 ディジタル LED 針式時計の設計製作

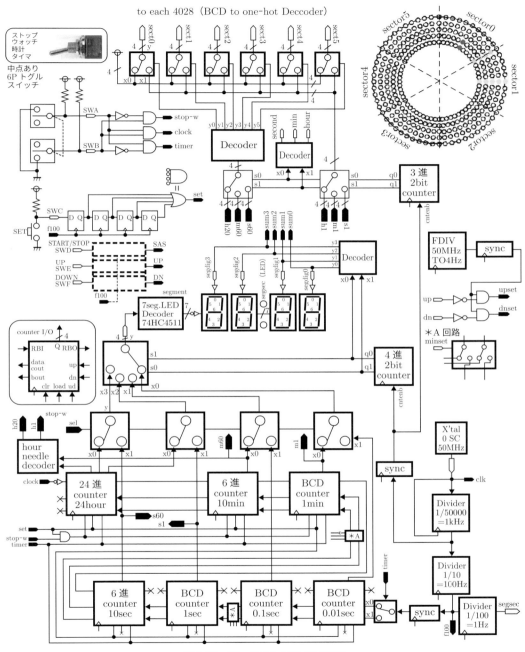

図 3.24　ディジタル LED 針式時計

図3.25に，ディジタルLED針式時計の回路図を示します．このディジタルLED針式時計の直径1.2 m版は，筆者の勤務する舞鶴高専の時計塔改修に伴うプロジェクトで設計製作され，舞鶴高専のどこかに設置されますので，ぜひ見にきてください．

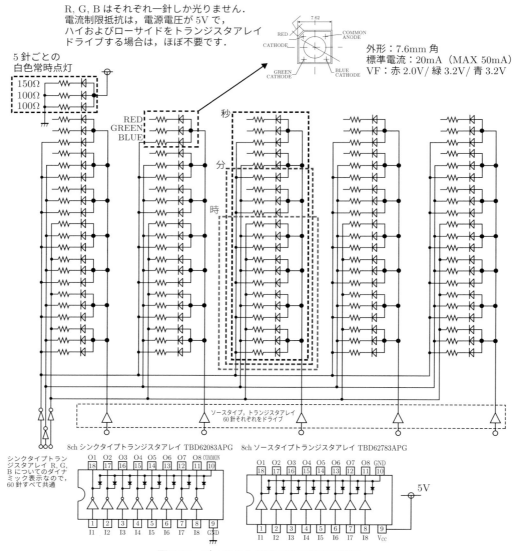

図3.25 ディジタルLED針式時計の回路図

図 3.26 にテスト回路の動作状況を示します．

図 3.26　ディジタル LED 針式時計のテスト状況

次の YouTube 動画に，4 針のテスト動作を示します．

　　https://youtu.be/vFimq-poTDY

　赤は時針，緑は分針，青は秒針です．1 つだけ白く光っているのは，5 s ごとの目盛りです．1 ms で，その RGB をダイナミック表示しています（秋月電子通商のトランジスタアレイ（ハイサイド/ローサイド）を使っています）．MAX 10 評価ボードを使っており，FPGA はピン数が多いといっても，60 針 × 3 色 = 180 ピンを使うのは現実的ではありませんので，ダイナミック表示としています．

　注目したいのは，各針の R（赤），G（緑），B（青）の線が共通になっているところです．これが，ディジタル LED 針式時計の面白いところで，60 本あるうち，瞬間的に光っているのは 1 本だけだからです．どの針を光らすかは，ハイサイドで決めます．そして，ダイナミック表示は奥方向，すなわち，R, G, B の三色の順に 1 ms（1 kHz）で光らせています．人間の視覚の残像とは便利なもので，なんの問題もなく認識できます．駅や道路の大型 LED 電光掲示板もダイナミック表示で，本当はちらついているのですが，人間の目にはわかりません．ビデオに撮るとわかることがあります．

　このように，もしかしてこれだとうまくいくかもしれないという回路を即座に試せるところが，FPGA の一番いいところです．もちろん，従来はソフトウェアやアナログ回路で実現されていたことを，ディジタル回路で実現していくというアプローチも考えられます．次章では，そのような技術である PLL モーション制御を FPGA で実現する例を紹介します．

第4章

PLL モーション制御

　ここでは，筆者がFPGAを主な研究で使っている「モノを動かす」コントローラについて紹介します．ただし，ここで扱うのは難解な「現代制御理論」ではなく，「古典制御」とします．本章では，古典制御の基本である「PID制御」のFPGA実現について説明し，それよりも原理的に（水晶発振器精度の）高精度を実現できる「PLLモータ制御系」について，制御理論に関してはできるだけ最小に，FPGA実現に絞って紹介します．制御理論について詳しく知りたい方は専門書を参照してください．最後に，従来のPLL制御系では無理があった加減速モーションに対応できる「二重PLLモータ制御系」について紹介します．

4.1　モーション制御とはなにか

　モーション（motion）とは「動き」のことで，位置（角度），（角）速度，（角）加速度のことです．これらを正確に制御することで，滑らかにロボットなどが動くわけです．「電子制御」の範疇では図4.1に示すように，アクチュエータ（駆動装置）はモータで，抵抗，エンコーダ（+F/Vコンバータ）がセンサとして使われます．最近では，ドローンやセグウェイなどではジャイロセンサも使われています．

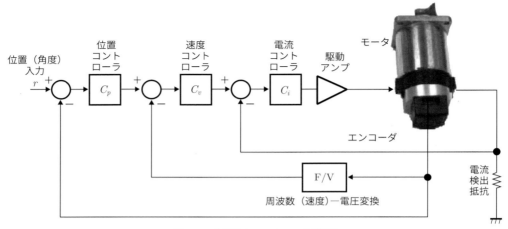

図 4.1 典型的なモーション制御系

4.1.1 従来のアナログコントローラを FPGA によりディジタル実現する

　もちろん，モーション制御系も従来は図 4.1 に示すようにすべてアナログ回路で実現されてきました．これを FPGA でディジタル実現することを考えます．

　ただ，電流（すなわちトルク補償）は電気的時定数の補償であり，アナログ回路実現が常識なので割愛します（あるいは省略されることも多いです）．

　したがって，F/V コンバータを設計開発し，速度コントローラ C_v を PID 制御系で設計すれば，位置コントローラは単に数値演算ですからカウンタで実現するとして，困難なところは見当たりません．

　問題の F/V コンバータの設計ですが，アナログ回路ではコンパレータとワンショット回路を組み合わせるわけですが，ディジタル回路では，実際には「F/V コンバータ＝周期計測＋逆数計算」です．このうち，周期計測は信号の立上りから立上りまでを高速クロックでカウントすれば実現できます．しかし，逆数計算は，そう簡単ではありません．一番簡単には，「ROM 表引き」で実現することです．FPGA が大容量になってきた現在，使い方を考慮すれば選択肢に入ります．おすすめなのは，吉沢清・谷腰欣司氏の，$\Delta\Sigma$ 変調器，すなわち 1 ビットディジタル信号処理技術を用いた F/V コンバータです[†1]．これこそ，マイコンでは実現できない，FPGA の高速さを生かした回路です．

　さて，制御工学では，図 4.2 に示すようなブロック線図で制御系（システム）を表現します．このようにフィードバック（負帰還）があるシステムを，自動制御系（Automatic Control System）といいます．その目的は，出力 y を入力 r に一致させることで，偏差 $e = r - y$ を 0 にすることにほかなりません．図中の記号 s はラプラス演算子です．伝達関数

---
†1 『トランジスタ技術スペシャル No.73』"特集 ブラシレス・モータのサーボ回路技術"，CQ 出版社（2001）

はラプラス変換での有理多項式で表されるのが普通です．

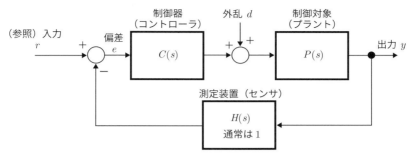

図 4.2　自動制御系＝負帰還制御系

4.1.2　PID 制御の FPGA 実現

現在，広く用いられている PID 制御器は，アナログ回路では OP アンプを用いて実現され，FPGA ならばディジタル回路なので数値演算で実現します．PID は，比例（Proportional），積分（Integral），微分（Difference）演算のことで，数式で取り扱う際のパラメータは，**図 4.3**に示すように，それぞれ比例定数（ゲイン）K_P，積分時間 T_I，微分時間 T_D です．このうち，K_P と T_D は実質的に 2 進数の乗算です．乗算は FPGA 内部に専用回路が組み込まれていますので，FPGA による実現は時間的にもサイズ的にも全く問題ありません．

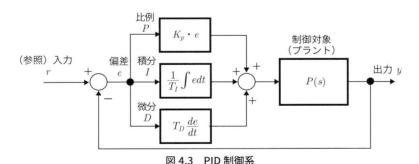

図 4.3　PID 制御系

それでは，積分はどうかというと，基本的には（時間）積算なので，カウンタそのものであり，FPGA の得意な回路といえます．積分器は**図 4.4**のようになり，加算器とレジスタのフィードバックに見えます．これは，図 2.3 の同期回路の基本回路そのものです．ここで，イネーブル信号 enb がカウントタイミングになります．この信号が '1' のときにカウントしますから，タイミング発生発振回路 OSC の方形波出力の立上りタイミングを検出するシンクロナイザ（**図 4.5**）がキーポイントになります．このシンクロナイザもクロック信号 clk がユニークなので，同期回路です．このように D-FF が直列に接続されている回路を「シフトレジスタ」といいます．1 段目の D-FF はなくてもよいように思われますが，これはメタステーブ

ルといい，0か1かあいまいなタイミングを吸収するためのものです．ディジタル回路も結局は回路であることがわかります．

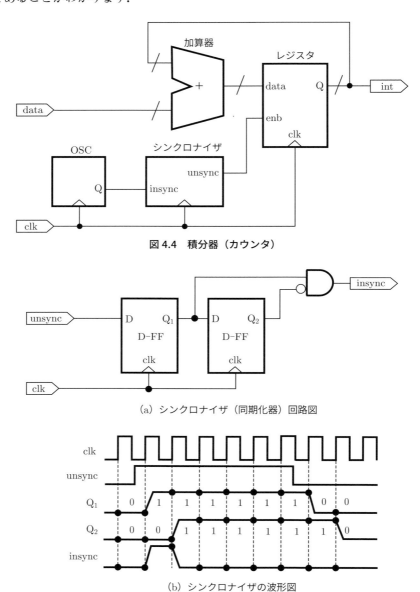

図 4.4　積分器（カウンタ）

（a）シンクロナイザ（同期化器）回路図

（b）シンクロナイザの波形図

図 4.5　シンクロナイザ（同期化器もしくは微分器）

4.2 PLLとはなにか

次に，筆者が主な研究のテーマとしているPLLモータ速度制御系について説明します．PLLモータ制御系は図4.6のように，ロータリーエンコーダパルスをフィードバックして，基準参照入力の水晶発振子信号と（立上りを）同期させるものです．もしそれが達成できれば，水晶発振の，年に数秒しか狂わないという，クオーツロック（Quart Lock）が可能になります．また，図4.6のようにモータの駆動もPWM駆動とすると，入出力信号はどちらも1ビットになります．なお，モータは安価なブラシ付きモータでかまいません．あたかもステッピングモータのように有極化できるともいえます．ブラシレスモータでも可能です．高精度を実現するためにPLLが使用されています．

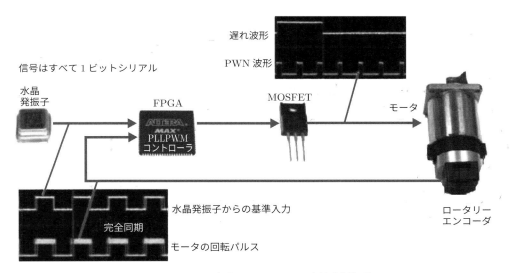

図4.6　FPGA実現によるPLLモータ速度制御系

ここで注意したいのは，PLL自体の動作は「位相差を0あるいは微小に保つ」ことですので，その演算は1周期以内，それもできるだけ高速に実現したいということです．したがって，マイコンの演算で無理をするよりも，FPGAで実現するほうが理にかなっています．もちろん，ソフトウェア演算で実現するソフトウェアPLLもありますが，それには高速で高価なマイコン，そしてソフトウェアならではの特殊なアルゴリズムの実現などのメリットがある場合に用いられます．

PLLについては，次の2冊の書籍が標準的なテキストになっていますので，興味のある方は，ぜひご覧になってください．理論的なことはなんでも書いてあって頼りになります．

[1] フロイド M. ガードナー著，加沼 安喜良訳『PLL 位相同期化技術』産業図書（2009）
[2] Roland E. Best, "Phase-Locked Loops: Design, Simulation, and Applications", 6 edition, Mcgraw-Hill (2007)

筆者らは [2] の文献で勉強しましたので，PLL の用語はそれに準拠しています．たとえば，位相比較器は一般的には Phase Comparator（PC）ですが，[2] の文献では位相検出器 Phase Detector（PD）です．このように微妙に用語が異なります．

4.2.1 PLL の三要素（位相比較器，ループフィルタ，電圧制御発振器）

図 4.7 に PLL の基本ブロック線図を示します．3 つの基本要素があり，位相比較器（PD：Phase Detector），ループフィルタ（LF：Loop Filter），そして電圧制御発振器（VCO：Voltage Controlled Osciltor）です．このうち，PD こそが PLL の特徴なのですが，制御系の設計的には，図 4.7 のコントローラにあたる LF の設計が問題になります．なお，フィードバックパスに分周器（Divider）がありますが，これは出力パルスを間引くことにより，入力周波数の N 倍の出力周波数を得るためのもので，PLL 周波数シンセサイザと呼ばれます．ラジオやテレビがきちんとチャンネルに分けられているのは，この PLL 周波数シンセサイザの威力です．

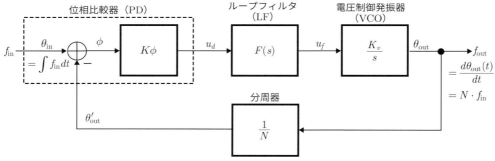

図 4.7　PLL の基本ブロック線図

モータ制御への応用は，図 4.8 のように VCO をモータとエンコーダに置き換えるだけです．大変単純ですが，問題はモータの時定数が入るところで，若干設計が難しくなります．

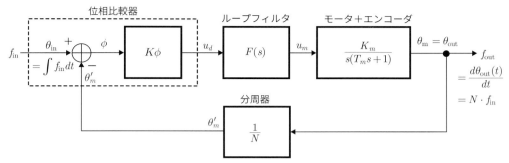

図 4.8 PLL モータ制御システムの基本ブロック線図

それでは，PLL の三基本要素（PD，LF，VCO）がどのように実現されるかを見ていきます．

(1) 位相比較器（PD）

PLL をディジタルに実現する場合は，EX-OR（排他的論理和），JK-FF，PFD（Phase Frequency Detector，位相周波数比較器）の 3 つのタイプの PD が使われます．それぞれの違いは，図 4.9 に示す位相比較範囲です．なお，横軸は位相差 $\phi = \theta_1 - \theta_2$，すなわち入力信号 u_1 と u_2 の立上りの時間差で，縦軸は出力電圧 u_d です．後述のように PWM 信号になりますので，グラフの縦軸には平均値を示す上線がついています．

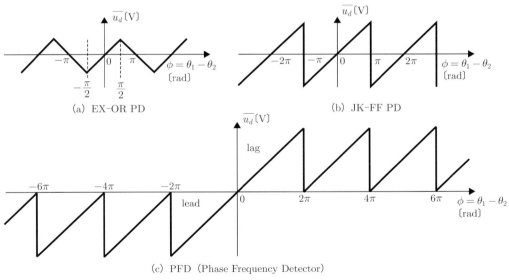

図 4.9 3 種類の PD の入出力特性

このうち，PLLモータ制御系で使われるのはPFDですので，少し詳しく解説します．**図 4.10**に示すように，入力は基準参照入力 u_1 とフィードバック信号 u_2 です．出力は lag（遅れ）と lead（進み）です．u_1 と u_2 の位相差を PWM 信号として，u_2 が u_1 より遅れていれば lag に，進んで入れば lead に出力します．

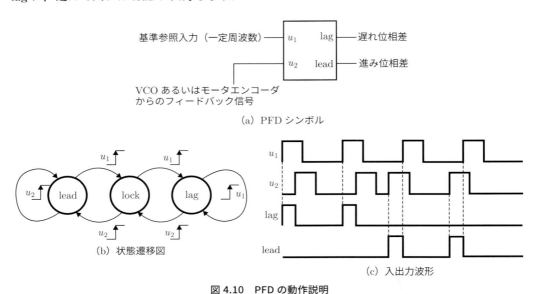

図 4.10　PFD の動作説明

PFD は，位相差 ϕ に比例した出力電圧 u_d を発生しますので，伝達関数は次式のように K_ϕ となります．この K_ϕ を PD ゲインと呼びます．

$$u_d(t) = K_\phi(t)$$

PFD の実現方法はいろいろありますが，図 4.10（b）に示す状態遷移図で表現できますので，VHDL で簡単に記述することができます．VHDL ソースファイルは付録 A.4 のリスト A.10 に掲載しています．

(2) ループフィルタ（LF）

ループフィルタは，位相差信号 u_d を入力として VCO の制御電圧 u_f を発生するローパスフィルタです．その伝達関数は，**図 4.11**（a）に示すアクティブ PI フィルタの場合は次式のとおりです．

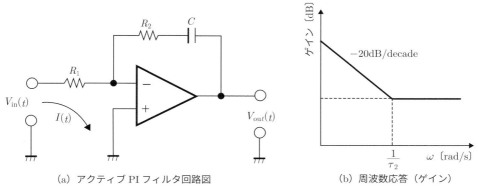

(a) アクティブ PI フィルタ回路図　　　　(b) 周波数応答（ゲイン）

図 4.11　PLL モータ速度制御系によく使われるアクティブ PI フィルタ

$$V_{\text{in}}(t) = I(t)R_1$$
$$V_{\text{out}}(t) = I(t)R_2 + \frac{1}{C}\int I(t)dt$$
$$F(s) = \frac{V_{\text{out}}(s)}{V_{\text{in}}(s)}$$
$$= \frac{\tau_2 s + 1}{\tau_1 s} = \frac{\tau_2}{\tau_1} + \frac{1}{\tau_1 s} = K_p + \frac{K_1}{s}$$

ここで，時定数として $\tau_1 = R_1 C$ および $\tau_2 = R_2 C$ としています．また，K_p〔-〕，K_I〔1/s〕をそれぞれ比例ゲインおよび積分ゲインと呼んでいます．

周波数特性を，図 4.11（b）に示します．なぜ，わざわざ PI フィルタにするのかというと，「なるべく位相を遅らせたくないので，周波数 $\omega_2 = 1/\tau_2$ で位相を戻している（分子の $\tau_2 s + 1$ による）のと，純粋積分により定常偏差を 0 にしたいからです（ピタリと位相偏差なしとする）．

（3）電圧制御発振器（VCO）

電圧制御発振器は，**図 4.12** に示すように，入力電圧 u_f に比例した周波数 f_2（$\omega_2 = 2\pi f_2$）を出力します．

したがって，伝達関数は次式となります．ここで，比例定数 K_V を VCO ゲインと呼びます．

$$\omega_2(t) = \omega_0 + \Delta\omega_2(t) = \omega_0 + K_V u_f(t)$$
$$f_{\text{out}}(t) = \frac{\omega_2}{2\pi}$$
$$\theta_{\text{out}}(t) = \int \Delta\omega_2(t) = K_V \int u_f(t) dt$$
$$\frac{\Theta_{\text{out}}(s)}{U_f(s)} = \frac{K_V}{s}$$

なお，注意したいところは，PLL 自体は位相フィードバックシステムですから，VCO の出力は周波数のはずなのに，それを位相としてとらえるところです．ここが PLL の理解を一番難しくしています．

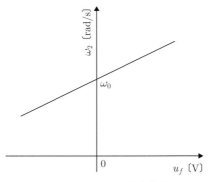

図 4.12　VCO の入出力特性

したがって，位相は周波数の積分なので，VCO は純粋積分要素なのです．VCO をモータとエンコーダに置き換えると，モータの伝達関数 $\dfrac{K_m}{T_m s+1}$ と，エンコーダの $\dfrac{1}{s}$ を掛け合わせたものが伝達関数となります．K_m と T_m は，それぞれモータゲインおよびモータ時定数と呼ばれます．

4.2.2　位相余裕に基づくループフィルタの設計

PLL モータ速度制御系のコントローラ設計は，ループフィルタに PI 型を用いて，以下のように位相進み補償によって行い，ループフィルタの時定数 τ_1, τ_2 を求めることになります．

これまでの解析から，PD，LF およびモータとエンコーダの伝達関数を掛け合わせると得られる，一巡伝達関数 $G_O(s)$ は次式となります．ここで，$K = \dfrac{K_\phi K_m}{N}$ です．

$$G_O(s) = K_\phi \frac{\tau_2 s + 1}{\tau_1 s} \frac{K_m}{s(T_m s + 1)} \frac{1}{N}$$
$$= K \frac{\tau_2 s + 1}{\tau_1 s^2 (T_m s + 1)}$$

この一巡伝達関数の周波数応答（ボード線図）は，**図 4.13** のようになります．

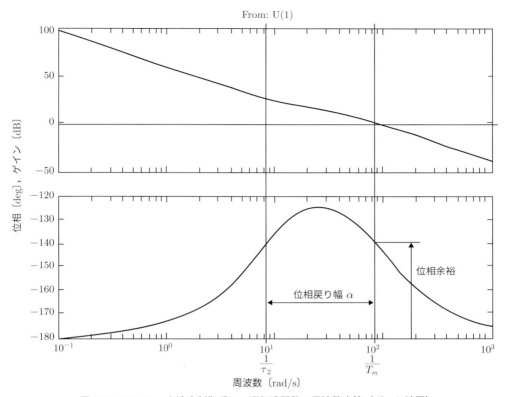

図 4.13　PLL モータ速度制御系の一巡伝達関数の周波数応答（ボード線図）

　この制御系はラウス＝フルビッツの安定判別法より，$\tau_2 > T_m$ であれば安定です．これは，アクティブ PI 型 LF の位相進みコーナー周波数 $\omega_2 = 1/\tau_2$ が，モータのコーナー周波数 $\omega_m = 1/T_m$ より低ければ，位相余裕が確保されて安定となるという意味ですので $\tau_2 = \alpha T_m$（$\alpha > 1$，α は設計定数）とします．ただ，むやみに閉ループの帯域を広げてもモータが応答できない上に，位相ノイズ（ジッタ）を抑制できませんので $\alpha = 10$ 程度で十分です．

　ベストの方法では，モータのコーナー周波数 $\omega_m = 1/T_m$ でゲインを 0 dB として，ループフィルタの積分時定数 τ_1 は次式で計算することができます．

$$\tau_1 = T_m^2 K \frac{\sqrt{2(\alpha^2 + 1)}}{2}$$
$$= \frac{T_m^2 K_\phi K_m}{\sqrt{2} N} \sqrt{\alpha^2 + 1}$$

　ここで，PD ゲイン K_ϕ，モータゲイン K_m，およびモータ時定数 T_m は与える仕様により決定されます．また，τ_1 はこの式で，τ_2 も設計者が位相戻り幅 α を与えれば $\tau_2 = \alpha T_m$ と直ちに計算できます．

ここまでくれば，比例ゲインは $K_p = \dfrac{\tau_2}{\tau_1}$，積分ゲインは $K_I = \dfrac{1}{\tau_1}$ から求めることができます．

以上の解析に基づき，表計算（Excel）で PLL モータ速度制御系のパラメータ計算を行った例を，澤村電機の DC モータ SS32G（ブラシ付き・エンコーダオプション付き）について**図 4.14** に示します．なお，「ビット幅」および「FPGA の具体的パラメータ」は，次節で示す PLL モータ速度制御系の PWM 信号演算に基づくディジタル実現（PLL/PWM-MSC）のための計算です．この計算表もサポートページを参照してください．

single loop PLL-/PWM-MSC 設計表				
	項目	記号	値	単位
仕様	電源電圧	V_p	12	V
	モータ最大電圧	V_m	12	V
	ビット幅	N	8	bit
	電圧分解能	$\Delta V = V_p/2^N$	0.046875	V
	ロータリエンコーダ分解能	R_E	500	P/R
	モータゲイン	K_m	3.39	kHz/V
		K_{mrad}	42.60	rad/(V・s)
	モータ時定数	T_m	12	ms
	比較器の比例ゲイン	$K_d = V_p/2\pi$	1.91	V/rad
調整	バンド幅	α	10	
	位相余裕	$P_M = \tan^{-1}\{(\alpha-1)/(\alpha+1)\}$	39.29	deg
与式	$\left|G_0(j\omega)\right| = T_m \cdot K\sqrt{\{(\alpha-1)/2\}^2 + \{(\alpha+1)/2\}^2} = 1$			
	$Q = \{(\alpha-1)/2\}^2 + \{(\alpha+1)/2\}^2$		7.1063	
設計結果	一巡ゲイン	$K = 1/(Q \cdot T_m^2)$	977.22	$1/s^2$
	時定数 1	$\tau_1 = K_d \cdot K_{mrad}/K$	83.26	ms
	時定数 2	$\tau_2 = \alpha \cdot T_m$	120	ms
	フィルタの積分ゲイン	$K_I = 1/\tau_1$	12.01	Hz
	フィルタの比例ゲイン	$K_P = \tau_2/\tau_1$	1.44	
		$f_I = K_I/\Delta V$	256.24	Hz/V
FPGA の具体的パラメータ	オーバーサンプリングビット数	L	8	bit
	アップダウンカウンタイネーブル	$\mathrm{clk2} = f_I \cdot 2^L$	65.60	kHz/V
	可能周波数最大値	$f_{max} = V_m \cdot K_m$	40.68	kHz
	モータ駆動 PWM 周波数	f_{PWM}	20.833	kHz
	ダウンカウンタイネーブル	$\mathrm{clk3} = f_{PWM} \cdot 2^N$	5333.25	kHz
	しきい値 K_P	$K_{Pth} = K_P/\Delta V$	31	1/V
	システムクロック	clk	50	MHz
	clk2 生成用分周比	clk2_cnt	762	0 を含めない
	clk3 生成用分周比	clk3_cnt	9	

図 4.14　表計算による PLL モータ速度制御系パラメータの設計（澤村電機の DC モータ SS32G）

4.2.3　PWM信号演算に基づくディジタル実現（ループフィルタのPWM信号演算）

次に説明するのが，いかにもFPGAらしいPWM信号演算に基づくディジタル実現です．いわゆる1ビット信号処理の一種で，ハードウェアによる高速演算ならではの実現方法です．図4.15にブロック線図を，図4.16にQuartusによる回路図を示します（各ブロックのVHDLソースリストは付録A.4に掲載します）．筆者らは，この回路方式をPLL/PWM-MSC（Phase Locked-Loop/Pulse Width Modulation-Motor Speed Control System）と呼んでいます．

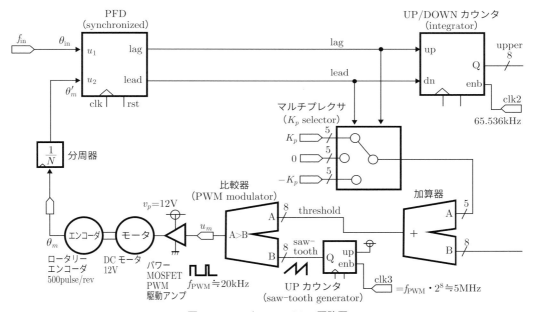

図4.15　PLL/PWM-MSCの回路図

図4.17に，PLL-MSCのデモ装置として製作した「魚釣りゲーム機」を紹介します．100円均一ショップなどで売っている，円盤の下の坂道を魚が上り，口を開けるのを磁石で釣り上げるものです．筆者らのデモでは大変好評で，最年少プレーヤーは10か月の女の子，つまり赤ちゃんです．なお，フィードバックパスの分周器で回転速度を可変できますので，難易度は容易に変えられます．また，円盤の縁にフォトインタラプタ用の穴も開けてあり，ロータリーエンコーダの代わりとすることもできます．

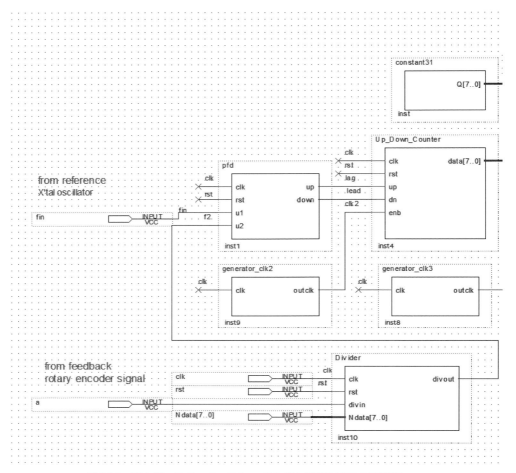

図 4.16　EDA ツール Quartus Prime での PLL/PWM-MSC の回路図

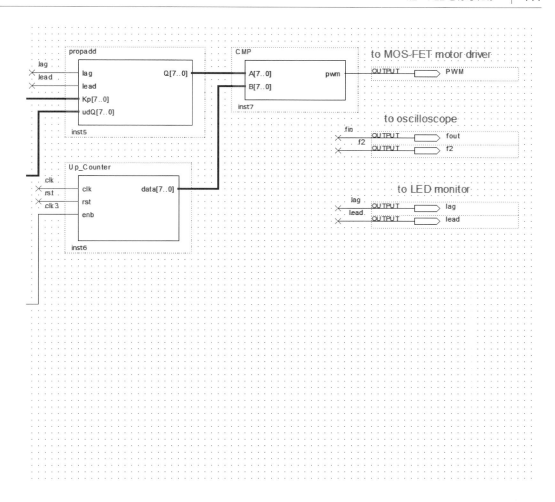

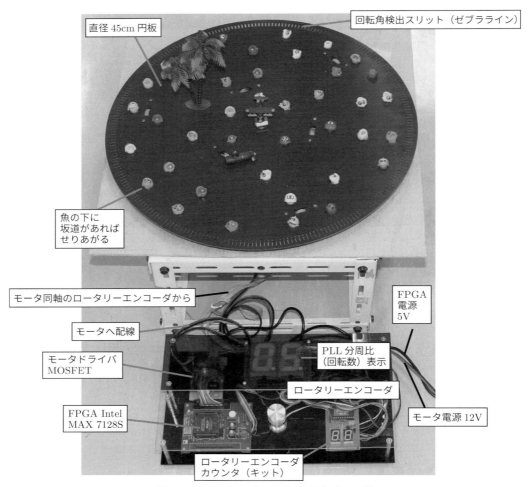

図 4.17　PLL-MSC デモ装置：魚釣りゲーム機

動作している様子は次の YouTube 動画をご覧ください．

https://youtu.be/RmvqsgUR0F8

ここで使用している FPGA は Intel（旧 Altera）社の MAX 7128S です．EEP-ROM に書き込むタイプなので，Complex-PLD とも呼ばれます．回路容量的にはあまり多くありませんが PLL/PWM-MSC は非常にコンパクトなので，収まりました．付録 A.5 に，MAX 7128S 評価ボードの回路図などを示します．

図 4.18 にモータとロータリーエンコーダへの配線状況を示します．

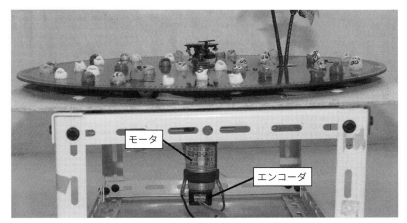

図 4.18　モータとロータリーエンコーダへの配線

それでは各回路ブロックの詳細を説明していきます．FPGA ならではのところが多々あります．

(1) PFD と UP/DOWN カウンタ

前述（図 4.10）のように，位相比較器は PFD と呼ばれるもので，基準参照入力信号 u_1 とフィードバック信号 u_2 の位相差を「PWM 信号」で出力します．また，u_2 が u_1 より遅れているときは lag に，進んでいるときは lead に出力されます．

そこで，図 4.19 のように PWM 信号を直接 UP/DOWN カウンタで積分します．もちろん，リセットしないことで積分になるだけですが，オーバーフローさせないために上限と下限でリミッタはかけます．このような処理は FPGA の得意とするところです．

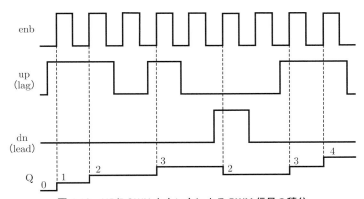

図 4.19　UP/DOWN カウンタによる PWM 信号の積分

ところが，図 4.14 に示したように LF の設計は，積分周波数が極端に低くなるのが普通で，図 4.20 のように，狭いパルス幅の lag あるいは lead 信号を，それよりも低い積分周波数でカウントしようとしても，ミスカウントしてしまうのは自明なので，256 倍（2^8）の周波数でオー

バーサンプリング（カウント）し，上位8ビットだけ取り出し，下位8ビットは捨てます．

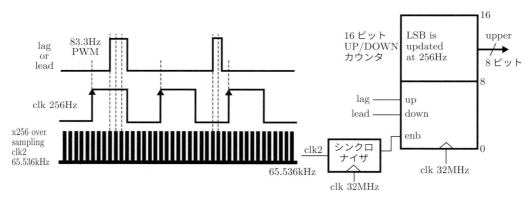

図4.20　UP/DOWN カウンタのオーバーサンプリング

この積分周波数が低いということは，PLL がほぼ比例（P）制御だけで成り立っていることを意味し，レギュレート系（目標値一定）なことを示しています．筆者らは，この欠点を克服するため，この PLL/PWM-MSC をフィードフォワード型二自由度制御系に発展させ，加減速入力にも対応させることに成功しています．これは次節で概略を紹介します．

さらに比例演算は PWM 信号の性質を生かして，図4.21 のように，マルチプレクサと加算器で実現しています．このように PI 演算を 1 ビット PWM 信号からビットパラレル 2 進信号に変換する過程で，UP/DOWN カウンタ，マルチプレクサ，加算器だけで実現することができます．

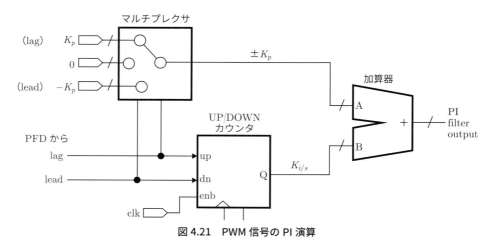

図4.21　PWM 信号の PI 演算

図4.22 の 1〜3 段目に，この加算の様子を示します．すなわち，lag あるいは lead 信号は PWM 信号であるので，それが '1' になっている間だけ加算あるいは減算を行えば，$\pm K_p$ の時間的な演算が行えます．

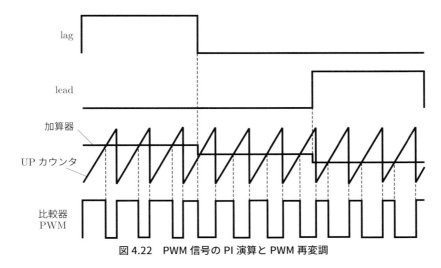

図 4.22　PWM 信号の PI 演算と PWM 再変調

(2) 発振器とコンパレータ

また，モータを PWM 駆動するために図 4.23 のように発振器とコンパレータで，ビットパラレルから PWM 信号に「再変調」しています．

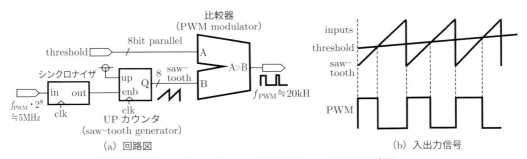

図 4.23　ビットパラレル 2 進数から PWM 信号への変調

これによって，図 4.22 の 3, 4 段目のようにモータを駆動するための PWM 信号を得ています．なお，モータ駆動用の PWM 周波数は低周波数だと「ピー」と耳障りですので，工業的には 14 kHz 以上にすることが求められています．ここでは 20 kHz に設定しています．さらに高い周波数でもよいかというと，銅損と呼ばれる損失により，効率が悪くなります．詳しくは，拙著『いまからはじめる電子工作』の第 6 章「ロボコンで役立つ実践回路」を参照してください．

(3) モータ駆動用ドライバ

次に FPGA の外付けになりますが，図 4.24 にモータ駆動用の MOSFET ドライバの回路図を示します．MOSFET は ON 抵抗が低くて放熱が少なく，電圧駆動素子なので 3 V 程度で駆動できます．しかし，FET は入力抵抗が高く，ノイズで誤動作を起こして不安定になるので，

ゲートリーク抵抗と呼ばれる R_2 が必須です．また，R_1 はダンパ抵抗といわれるもので，オーバーシュートを防止するためのものです．小さすぎても大きすぎても好ましくなく，経験的にこれくらいの値にしました．

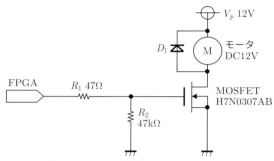

図 4.24　モータ駆動 MOSFET ドライバ

(4) PWM 復調回路

最後に蛇足ですが，参考までに**図 4.25** に PWM 信号からビットパラレル 2 進数への変換回路，すなわち PWM 復調回路を示します．入力の PWM 信号の立上りから前段の UP カウンタでカウントを始め，次の立上りで次段のラッチつまりレジスタに変換値を保持します．一見，これでよいのですが，入力信号の PWM 周波数が既知で一定であること，そして出力はその周期の終わりにしか得られないことがわかります．これに対して PLL/PWM-MSC の PI 演算は，積分（I）演算は PWM 周波数に無関係で，また加算（P）演算も周波数（周期）とは無関係です．このことが，次節の二重 PLL-MSC の実現に大いに役立っています．

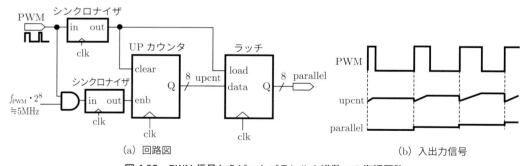

(a) 回路図　　　　　　　　　　　　　　　(b) 入出力信号

図 4.25　PWM 信号からビットパラレル 2 進数への復調回路

4.3　二重 PLL/PWM モータ速度制御系の設計

さて，PLL モータ速度制御系は，図 4.6 に示したように水晶発振子からの正確な周波数に，モータの回転数を同期させるシステムでした．

しかしながら，前節で指摘したように応答が遅い，つまり P.113 で指摘したように，P.108 の図 4.14 のように設計すれば，積分ゲイン K_I が小さいということです．P.114 の図 4.20 の下の説明のように，ほぼ P 制御だけで成り立っており，積分で対応すべき加減速には対応できないということです．図 4.26 に示すように，入力信号が加速した場合，急には追従できずに位相偏差が大きくなり，いずれ位相スリップ（位相同期外れ）が生じてしまいます．同期外れが生じてしまうと，それを回復する過程（プルイン過程）で有害な振動が生じてしまうのが PLL の欠点の一つです．

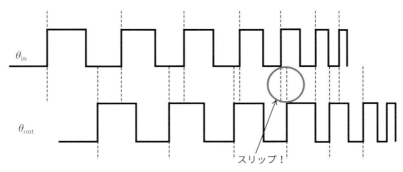

図 4.26　位相スリップの様子

ところで，PLL の重要な応用は，無線通信の周波数同調なのですが，図 4.27 の小惑星探査機「はやぶさ 2」のような深宇宙探査機は，無線を発信する側と受信する側の相対速度がものすごく速いので，ドップラシフト効果による周波数偏移も非常に大きいものがあります．そこで開発されたのが，二重ループ PLL です．

この通信用の二重ループ PLL をモータ制御系に適用したのが，図 4.28 の二重ループ PLL-MSC です．詳細な偏差解析は文献[†2]を参照してください．動作原理は，加速入力に対して，第 1 ループの PLL で生じた位相偏差を，第 2 ループの PLL-MSC に「フィードフォワード」して位相偏差を打ち消しています．なお，第 1 ループの VCO は 3.3 節で解説した NCO（数値制御発振器）で実現しています．そのほかには，第 2 ループの右端にある u_{d1} と u_{dm} の加算器は，位相差信号（PWM 信号）の加減算回路なので特殊ですが，これも 2.4.2 項で解説した N ビット入力加算器の応用です．

[†2] 「多状態位相比較器による 2 重 PLL モーション制御の位相同期外れ防止」，第 61 回自動制御連合講演会，6A3，(2018.11)，冨田将志，岡那哉，竹内弦，町田秀和（舞鶴工業高等専門学校），神原道信（エフエー電子），滝原裕貴（ローム）

118 | 第 4 章　PLL モーション制御

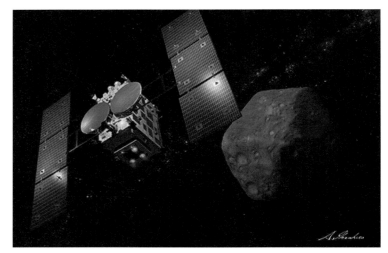

図 4.27　小惑星探査機「はやぶさ 2」(出典：NASA)

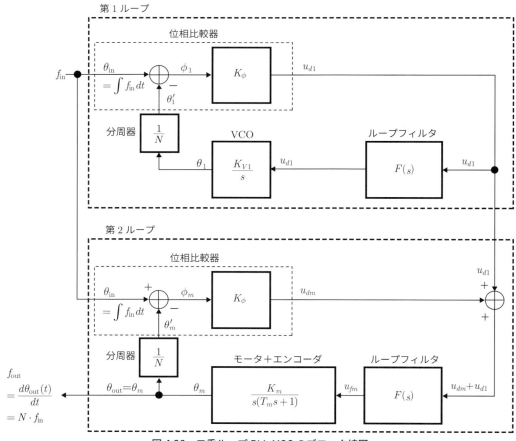

図 4.28　二重ループ PLL-MSC のブロック線図

これにより，図 4.29 に示すように，従来の（一重）PLL-MSC よりも高速応答を実現しています．

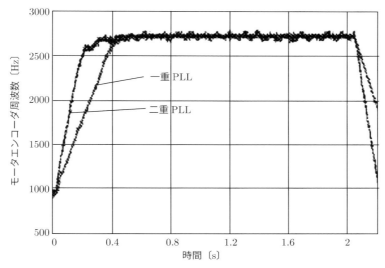

図 4.29　二重ループ PLL-MSC のステップ応答

なお，完全な位相同期外れの防止は二重 PLL-MSC でも困難ですが，筆者らは多状態位相比較器を用いて，大きな位相偏差が生じた場合は，フィードフォワード量を増強するという手法で，実用的には位相同期外れを生じさせない（有限範囲の X-Y テーブルのような応用）ことに成功しています．

図 4.30 に，二重ループ PLL-MSC のデモ装置として製作した「電子カム」を示します．左上の楕円形のカムにより，左下の円盤に連続な加減速を与えます．右下の円盤はそれに PLL による追従を行っています．

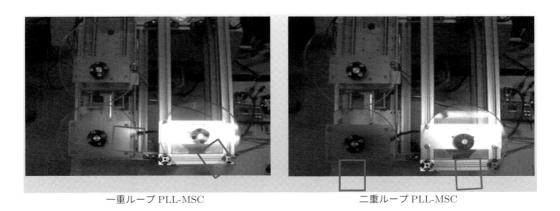

図 4.30　PLL-MSC デモ装置：電子カム

従来の（一重）PLL-MSC ではサイクルスリップしてずれていきますが，二重 PLL ではいつまでもずれません．すなわち，普通の DC モータをステッピングモータのように動かせているということです．また，図 4.31 は先に紹介した魚釣りゲームの加減速版で難易度を上げたもの，図 4.32 はプラネタリウムへの応用です．これらは，筆者が勤務する舞鶴高専のオープンキャンパスや高専祭などで展示していますので，ぜひご来校ください．

図 4.31　加減速ありの魚釣りゲーム機

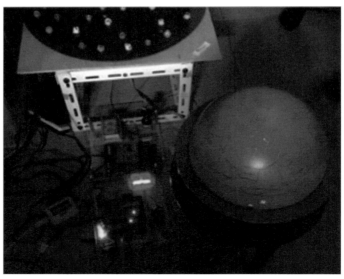

図 4.32　PLL/PWM デモ装置：プラネタリウム

第5章

FPGA の IoT への活用事例

5.1 IoT とはなにか

　最近 IoT（Internet of Things, モノをインターネットにつなぐ）が流行しています．IoT とは図5.1[†1]に示すように，ヒト，モノ，コンピュータをインターネットにつなぎ，得られた大量のデータ（いわゆるビッグデータ）を分析し，社会全体の効率化を目指すものです．大量のデータを分析することから，同じく現在注目を集めている AI とも関連する技術です．本書の最後に，FPGA の IoT への活用事例を 1 つ紹介します．

5.2 FPGA の IoT 活用

　筆者の勤務する舞鶴高専に研究相談に来られた地場産業「丹後ちりめん」関係の会社と，工場内 IoT に関する共同研究を行った事例を紹介します[†2]．公的な中小企業に対する補助金を申請するときに，IoT を活用するという一項目があり，それを実現したいとのことでした．詳しい内容は守秘義務のために紹介できないのですが，実現したいことは，

- 温湿度の監視システム
- データベースによるデータ管理
- 原料から製品までのトレーサビリティシステム

[†1] 　岩野和生，高島洋典「情報管理」57(11), 2015
　　 国立研究開発法人 科学技術振興機構
　　 https://ci.nii.ac.jp/naid/130004752077
　　 https://www.jstage.jst.go.jp/article/johokanri/57/11/57_826/_article/-char/ja/#figures-tables-wrap

[†2] 　「フリーズドライ工程を含む製造ラインでの IoT システム構築」，第 61 回自動制御連合講演会，12B5,
　　 (2018.11)，町田秀和，高野誉将，冨田将志（舞鶴工業高等専門学校），桜井俊輔，永砂修（ながすな繭）

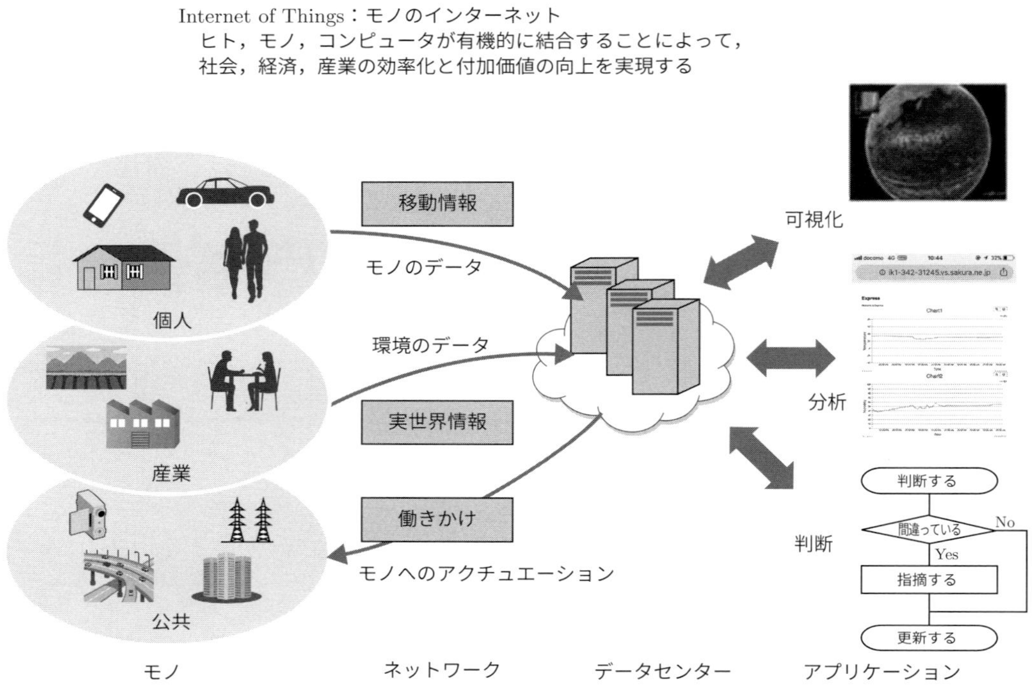

Internet of Things：モノのインターネット
ヒト，モノ，コンピュータが有機的に結合することによって，
社会，経済，産業の効率化と付加価値の向上を実現する

移動情報

モノのデータ

環境のデータ

実世界情報

働きかけ

モノへのアクチュエーション

個人

産業

公共

可視化

分析

判断する

間違っている　　No

Yes

指摘する

更新する

判断

モノ　　　　　　ネットワーク　　　データセンター　　　アプリケーション

図 5.1　サイバーフィジカルシステムと IoT

の構築です．とりわけ問題だったのは，生産工程において，フリーズドライ（凍結乾燥）行程などを含むために，超低温（マイナス数十度）の装置内を通ることです．当初は，マイコンをトレイなどに固定して，センサで温度データを収集しようと考えたのですが，電池とマイコンが対応できませんでした．

結局，次のような 3 種類のセンシングデバイスを用意し，生産装置外の IoT 用マイコン ESP-WROOM-32 で処理することにしました．

- 汎用温度センサ型（I^2C インターフェース，フルモールド．温湿度モジュール AM2320）
- 温度表示パネル 7 セグメント LED 逆エンコーダ型（フォトセンサ，FPGA で逆エンコード）
- 凍結乾燥庫内熱電対型（OP アンプによるアンプで電圧出力，マイコンの A/D 入力使用）

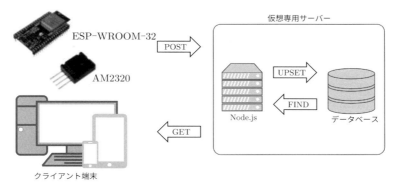

図 5.2　典型的な IoT システムの構築例

図 5.2 に本 IoT システムの構成を示します．図左上がセンサとマイコンで，マイコン内蔵の Wi-Fi モジュールで，工場内の Wi-Fi ルータと通信し，図右のインターネット上の仮想専用サーバ（Virtual Private Server）の Node.js（サーバサイドで動く JavaScript）でデータを整形し，データベースに蓄積します．図左下のクライアント端末は，パソコンやタブレットです．この共同研究で得られた知見は，

- ESP-WROOM-32 は I/O や Wi-Fi 通信などを完備しており，使いやすい．
- 仮想専用サーバは，専用の環境構築には適している．
- Node.js やデータベースでシステム構築できる．

といった点です．

この開発で特殊だったのは，図 5.3 に示す温度表示パネルの 7 セグメント LED 表示をディジタルデータに逆エンコードする回路でした．通常，このような 7 セグメント LED 表示パネルをダイナミック点灯，すなわち各桁を順次点灯しているので，ある瞬間だけ読み取っても正しく読み取れません

そこで，FPGA で逆スキャンする回路を作りました．また，実際は温度表示パネルが 4 個，それぞれ 7 セグメント LED が 3 桁（最上位桁はマイナスの横線だけ）だったので，$4 \times 7 \times 3 = 84$ 本もの入力が必要ですが，それもスリーステートバッファ（74HC244）で共通バス化して省線化しました．テストの結果，光軸さえ合っていれば数値を読み取ることができました．このような，特殊な応用には FPGA を用いるのが適しているようです．

第 5 章　FPGA の IoT への活用事例

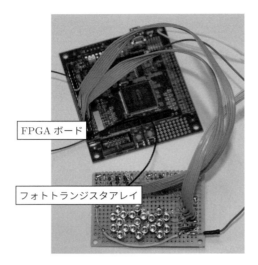

FPGA ボード

フォトトランジスタアレイ

フォトトランジスタアレイ裏面

冷凍庫内温度表示パネル

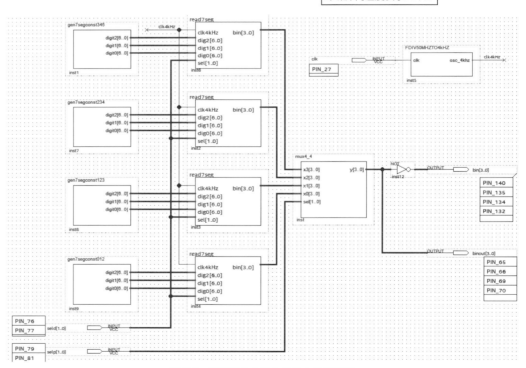

図 5.3　典型的な IoT システムの構築例

おわりに

　本書の最後に FPGA のメリットを再度まとめます．第 1 章の冒頭を読んだときと，感じるところは変わっているでしょうか．

  (1) ラピッド・プロトタイピング
     最新のアイディアをいち早く実現する手段として FPGA は活用できるでしょう．高速性やピン数の多さなどメリットも多いはずです．

  (2) タイム・ツー・マーケット
     現在，すでに数万個レベルなら，FPGA で実現するほうが ASIC にするよりも安価にできるでしょう．また，無理に ASIC を開発することで時間を使ってしまうことよりも，いち早く FPGA で実現して市場シェアを握ってしまうことが重要です．

  (3) リアルタイム・リコンフィギュレーション
     本書をここまで読み進めていただいた方にはいうまでもなく，ハードウェアを更新できるということは，大変大きなメリットでしょう．

本書でなにができるようになったか

　本書は，筆者の主な研究テーマである PLL モータ制御系の FPGA 実現までを説明するために，以下の内容を取り上げました．

- 第 1 章：FPGA とはなにかから，L チカまでのツールの使い方を紹介しました．
- 第 2 章：FPGA による同期回路設計を実践し，回路開発の演習を行いました．
- 第 3 章：FPGA によるディジタル回路開発の楽しさを味わってもらうため，ラジコン用サーボモータドライバ，ロータリーエンコーダカウンタ，ストロボ発光器，ディジタル砂時計，ディジタル LED 針式時計を設計製作しました．
- 第 4 章：目的の PLL モータ制御系の FPGA 実現について触れ，PWM 信号演算に基づくディジタル実現により，大変コンパクトに良好な性能を得られることを紹介しました．
- 第 5 章：FPGA の IoT への活用について，簡単に紹介しました．

付録も含めて，ほぼすべての回路図および VHDL ソースリストは掲載していますが，サポートページも参照してください．

本書の次のステップ

本書の次のステップとしては以下のチャレンジをおすすめします．

(1) FPGA とマイコンとの連携

現在は，IchigoJam，Arduino，ESP32-WROOM，Raspberry Pi など，いわゆるオープンハードウェアのマイコンシステムが数多く存在しています．そして，それらに関連するソフトウェアなども多くのリソース（資産）が公開されていて，利用することができます．FPGAはこれらのマイコンの周辺回路あるいはアクセラレータとして，強力なツールになってくれるでしょう．

さらに進めば，FPGA 内にマイコンを埋め込む（Intel（旧 Altera）社の NiOS II や，Xilinx社の MicroBlaze など）ことにも挑戦してみてください．やはり，ソフトウェアで開発できる柔軟さは魅力的です．

また，小惑星探査機「はやぶさ」にも積まれているリアルタイム OS（μITRON/TOPPERSなど）で，マイコン（ソフトウェア）だけでなく，FPGA の回路さえも管理できるようになれることを目指してください．

(2) 高級言語による回路設計

既存のソフトウェア資産を生かしたり，AI を利用した開発をするには，HLS による C/C++ での回路開発が有効といわれています．タイミング調整などまだまだ課題は多いですが，ぜひ挑戦してみてください．

結　び

本書をまとめる契機となったセミナーへの講師依頼が来たのが，2018 年 4 月 3 日でした．

- 依頼の理由
  産業界でFPGA による処理を導入しようとしている企業が増えている．筆者の研究テーマを見て，経験談から豊富な内容を講義してほしい．

- セミナーの主旨
  現在，AI や自動運転における画像認識などの要素技術の導入により，コンピュータで高度な処理がより要求されている．そのなかでも，FPGA 高速化処理は上記要素技術の導入により，急速的に話題となっている．今回は FPGA 設計の基礎およびうまく活用する方法，どのような事例があるかなど，ノウハウを解説するセミナーとして企画しました．

最初はなぜ白羽の矢が当たったのかわかりませんでしたが，これまでの経験を生かせられる

ならと，受けることにしました．そのセミナーの内容を整理し，まとめたのが本書です．いかがだったでしょうか．参考になりましたでしょうか．

筆者が勤務する舞鶴高専での卒業研究では，FPGA の開発ゼミを VHDL のテキストで数回行うだけで，学生は十分に使いこなせるようになっています．まずは第 3 章のさまざまなディジタル回路開発を体験するところからでも，ぜひ，始めてみてください．

2019 年 6 月

著者しるす

付　録

付録 A.1　Intel 社 Quartus Prime Lite Edition のインストール方法

　Windows 10 64 bit に，Intel 社 Quartus Prime Lite Edition（無償）をインストールする流れを説明します．

　Quartus Prime（Lite）を以下の URL からダウンロードし，インストールします．本書執筆時点での最新版は 18.0 です（図 A1.1）．

https://www.intel.co.jp/content/www/jp/ja/software/programmable/quartus-prime/overview.html

　なお，Intel 社の Web サイトの URL は頻繁に変わります．見つからない場合は「インテル Quartus Prime」などで検索してみてください．

図 A1.1　Intel（旧 Altera）社 Quartus Prime Lite Edition の入手先

「Lite」「18.0」を選びます（図 A1.2）．

図 A1.2　Lite Edition、バージョン 18.0 を選択

そのまま選択されているファイルをダウンロードします（図 A1.3）．

図 A1.3　そのまま選択されているファイルをダウンロード

Intel 社のユーザ登録が必要です．Email とパスワードを設定します（**図 A1.4**）．すでに登録済みの場合は，サインイン画面になります．

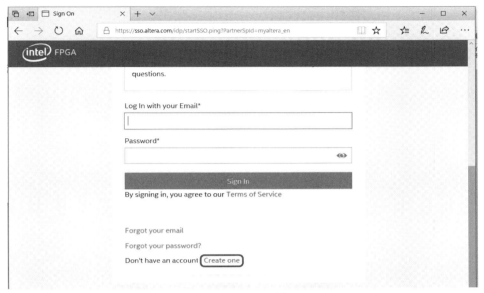

図 A1.4　ユーザ登録

「Download Quartus Prime」からダウンロードができます（**図 A1.5**）．

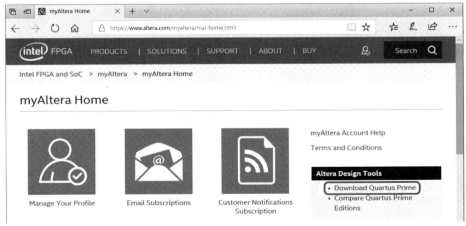

図 A1.5　ダウンロード開始

本書執筆時点では最新版の「18.0」を選んでいます（図A1.6）．

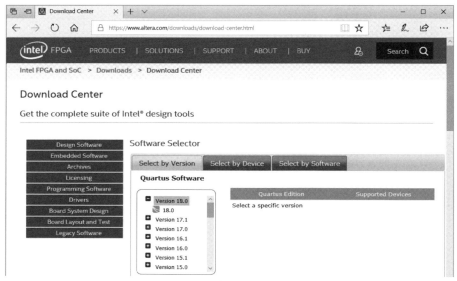

図A1.6　「18.0」を選ぶ

無償版の「Lite Edition」を選びなおします（図A1.7）．

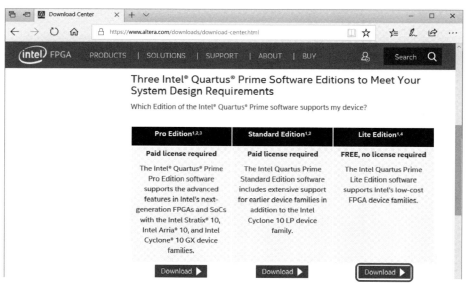

図A1.7　Lite Editionを選ぶ

　直接ダウンロードすることができませんので，インストーラをダウンロードします（図A1.8）．

付録 A.1　Intel 社 Quartus Prime Lite Edition のインストール方法　　133

図 A1.8　インストーラをダウンロードします

　ライセンス条項のウィンドウが現れるので，「ライセンス条項に同意する」にチェックを入れて「次へ」とします（図 A1.9）．

図 A1.9　ライセンス条項の同意

　インストーラをダウンロードしています（図 A1.10）．

図 A1.10　インストーラをダウンロードしています

本書ではダウンロードフォルダは，「ダウンロード」内の「quartus」です（図A1.11）．

図A1.11　ダウンロードフォルダは、ダウンロードのquartus

ダウンロードが進行します．容量が大きく，ダウンロードに時間がかかります（図A1.12）．

図A1.12　ダウンロードの進行

ダウンロードフォルダの QuartusLghtSetup をダブルクリックします（**図 A1.13**）．

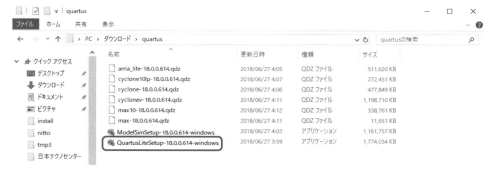

図 A1.13　インストーラの起動

「Next」をクリックしてインストールを開始します（**図 A1.14**）．

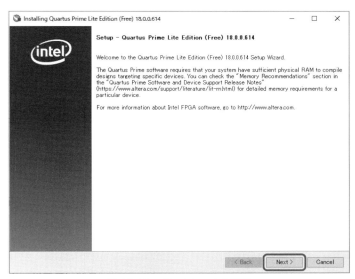

図 A1.14　インストールを開始

ライセンス条項を確認し，問題なければ「I accept the agreement」にチェックを入れ，「Next」をクリックします（図A1.15）．

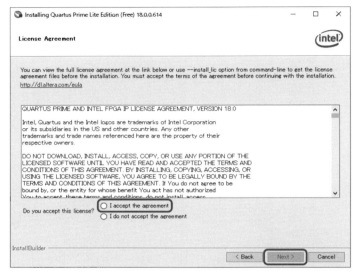

図A1.15　インストール条項に同意

本書ではインストール先はそのままとします（図A1.16）．

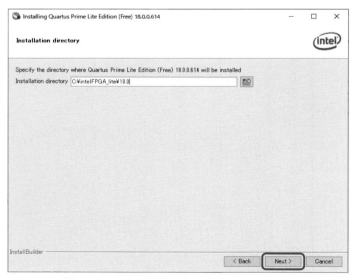

図A1.16　インストールディレクトリはそのまま

インストールの準備ができたので,「Next」をクリックします(**図 A1.17**).

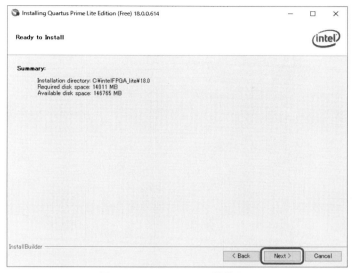

図 A1.17　インストール準備完了

インストールが進行します.少し時間がかかります(**図 A1.18**).

図 A1.18　インストールの進行

MAX 10 FPGA もサポートされています．終了まで待ちます（図 A1.19）．

図 A1.19　インストールの進行（続き）

インストールが完了したら，「Finish」をクリックします（図 A1.20）．

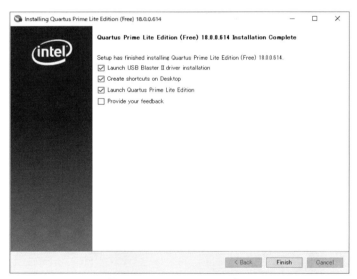

図 A1.20　インストールの完了

引きつづいて，ドライバのインストールが開始されるので，「次へ」とします（**図 A1.21**）．

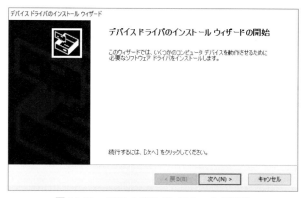

図 A1.21　ドライバのインストールの開始

インストールの確認に答えます（**図 A1.22**）．

図 A1.22　インストールの確認

ドライバのインストールが完了します（**図 A1.23**）．

図 A1.23　ドライバインストールの完了

初回起動時には「Run the Quartus Prime software」を選択し，「OK」します（**図 A1.24**）．

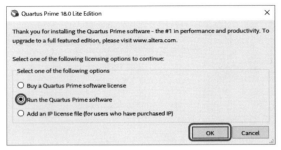

図 A1.24　初回起動

これでインストールは完了です．

付録 A.2　VHDL かんたん解説 | **141**

付録 A.2　VHDL かんたん解説

　ここでは，本書で用いているハードウェア記述言語 VHDL を，ごく簡単に解説します．大規模な回路を FPGA で実現する際には，ハードウェア記述言語（HDL）を用いることが現実的です．ディジタル回路設計用のハードウェア記述言語 VHDL は米国国防総省生まれの厳格な言語で，「メタル配線幅から宇宙ステーションまで」記述できますが，FPGA を実現できる範囲をマスターするのはそんなに大変ではありません．VHDL の実際の書き込みについては第 1 章 1.5.2 項（2）で紹介していますので参照してください．

A.2.1　HDL 設計のキーポイント

　はじめに，主に，いままでマイコンつまりソフトウェア開発をされてきた方向けに，キーポイントをアドバイスします．まずは，ここでのキーポイントを理解してください．最初は飛ばしてもいいですが，以下の内容を理解するように心がけてください．

（1）ハードウェアは本質的にすべて並列処理であり，3 つの基本制御構造（逐次，選択，反復）にも注意が必要

　一般的なプログラミング言語と同じく，VHDL でもプログラムを実行可能にすることを「コンパイル」といいます．しかし，Quartus では論理合成やフィッティングなどのハードウェアならではの処理が行われており，コンパイル結果は，すべての要素が実体となり，それぞれが完全並列に動作します．たとえ，ソースリストで順番に記述していても同時実行されるのです．そしてそれぞれの処理時間（遅延時間）が異なると（普通はそうなります），すべての処理が終わるまで誤動作（ハザード）しているように見えます．順序回路の場合，すなわちフィードバックがある場合は，クロック同期を意識しないと「競合状態」となり，誤動作していわゆる「バグる」ことがあります．

　それでも，process 文内では，構造化プログラミングの 3 つの基本制御構造（逐次，選択，反復）の書き方ができてしまいます．逐次処理すなわち順番に記述することは，前段から後段に回路が「配置」されていくことです．これには，第 2 章図 2.3 の回路図がわかりやすいでしょう（**図 A2.1**）．if 文で記述されるリセット rst がデータやイネーブルより「最優先」されるのですが，それはリセットのための AND ゲートが，データやイネーブルのためのマルチプレクサより後段に配置されるからです．これが理解できた瞬間，すでにハードウェア開発者になれたということだと思います．また，for 文でも繰返し構造の回路を生成でき，これもまた論理合成器によって最適化されます．

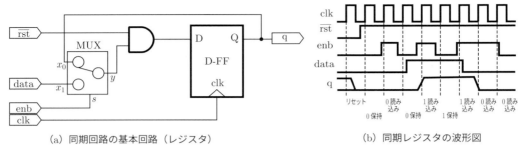

(a) 同期回路の基本回路（レジスタ）　　　(b) 同期レジスタの波形図

図 A2.1　同期回路のプリミティブ（再掲）

ディジタル回路設計では，「どのような回路が合成（コンパイル）されるか意識して記述することが重要」とよくいわれます．とはいえ，生成された回路は論理合成器の品質に依存します．これは，ソフトウェアのコンパイラに似ています．

(2) すべてを HDL だけで記述するのは得策ではない．回路図記述は把握しやすい

もちろん，Verilog HDL や VHDL で回路のすべてを記述することはでき，読みこなすこともできます．しかし，回路を把握すること，特に配線を追っていくことは，HDL 設計ではかなり困難です．回路図による設計は本質的に，シンボル化して配線を施していくだけですから配線を追っていくことができます（つまり，人に説明しやすい）．つまり，ハードウェアでは（でも）最初は HDL で階層的な記述をして，上位レベルでは回路図でわかりやすくしたほうが現実的ということです．もちろん，それは Intel 社や Xilinx 社などのある特定の EDA ツールを使って，その FPGA を使うということになりますが，HDL を利用することには一長一短があります．

もちろん，ASIC（専用 IC/LSI）に起こすときには，Verilog HDL や VHDL ですべてを記述して，半導体メーカに渡すわけですが，FPGA 自体を実製品として使う場合は回路図記述でも構いません．

A.2.2　VHDL かんたん解説

それでは，かんたん解説を始めます．

最初に例としてあげるのは，第 2 章 2.4 節で取り上げた図 A2.2 の半/全加算器です．この場合，全加算器は図 A2.3 のように，構成要素として半加算器をもっています．すなわち階層化していますので，全加算器は図 A2.3 自体，つまり回路図で記述してしまうほうがわかりやすいです．

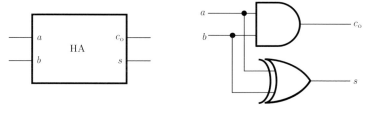

(a) 半加算器のシンボルと内部回路

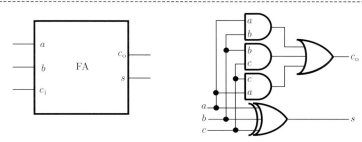

(b) 全加算器のシンボルと内部回路

図 A2.2　半/全加算器の内部回路（再掲）

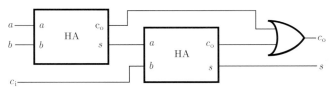

図 A2.3　半加算器を用いた全加算器（再掲）

さて，図 A2.2 (a) の半加算器を VHDL で記述すると，**リスト A2.1** のようになります．太字の部分は決まり事です．セミコロンなど細かい部分は簡略して説明します．なお，VHDL に大文字小文字の区別はありません．コメントはハイフン 2 つ（--）の行末までです．

リスト A2.1　半加算器の VHDL ソースリスト

```
1   library ieee;
2   use ieee.std_logic_1164.all;
3
4   entity HA is
5    port(A,B:in std_logic;
6         C0,S:out std_logic);
7   end;
8
9   architecture rtl of HA is
10  begin
11     S  <= A xor B;
12     C0 <= A and B;
13  end rtl;
```

1，2行目はライブラリ宣言などです．最小限これだけは必要です．

4〜7行目がエンティティ部，C言語でいう関数ヘッダで，必ず書く必要があります．

5，6行目のport文が入出力端子を表しています．端子名，コロン，方向，型名，セミコロンの順で記述します．ここで，A，Bポートは入力（in）でstd_logic型，C0，Sポートは出力（out）でstd_logic型となっています．型名はintegerなども使えますが，論理合成可能で使いまわせるのは，このstd_logicです．port文の），つまり閉カッコの前には，セミコロンを付けてはいけません．これが原因でコンパイルエラーになることが多いです．

9〜13行目がアーキテクチャ部です．C言語でいう関数のボディです．rtlというのはRTL（Register Transfer Level）で記述する意味です．ほかのレベルでも記述できますが，おすすめは確実に合成可能なrtlに統一することです．アーキテクチャ名（9行目のHA）はエンティティ名（4行目のHA）と同一にします．

11，12行目が本文です．演算子（<=）は，代入ではありません，配線（wiring）です．演算子xorやandは論理演算子です．各演算子について，**表A2.1**にまとめます．そして，なにより重要なのは，11行目と12行目は同時処理されるということです．両者とも実在物と考えると理解できるでしょう．

表A2.1　VHDLとC言語の演算子の比較

演算の種類	VHDL（std_logic_vectorで可能）	C言語
否定	not	!
乗除算	* (ieee.std_logic_unsigned.all)[1]	*
加減算	+ - (ieee.std_logic_unsigned.all)	+ -
関係演算子	= /= < > <= >=	== != < > <= >=
論理演算子	and or xor nand nor xnor	& | ^ [2]
連結子	&	[3]

※1：除算は2のべき乗で割る場合だけ記述できる．
※2：VHDLは負論理出力も可能．
※3：連結子とは，信号や信号バスを連結してバス幅を拡張すること．また，信号バスから任意の部分を切り出すことも可能．C言語では不可．

全加算器を入力するためには，半加算器HAを名前HAで保存し，メニューから「File」→「Create/Update」→「Create Symbol Files for current file」としてシンボル化して，図A2.3を回路図として入力することをおすすめします．あえて，VHDLで記述すると．**リストA2.2**のようになります．

付録 A.2　VHDL かんたん解説　145

リスト A2.2　全加算器の VHDL ソースリスト

```
 1  library ieee;
 2  use ieee.std_logic_1164.all;
 3
 4  entity FA is
 5    port(A,B,Cl:in std_logic;
 6          C0,S:out std_logic);
 7  end;
 8
 9  architecture rtl of FA is
10
11  component HA
12   port(A,B:in std_logic;
13        C0,S:out std_logic);
14  end component;
15
16  signal C01,C02,S1:std_logic;
17
18  begin
19    U0:HA port map(A,B,C01,S1);
20    U1:HA port map(S1,Cl,C02,S);
21    C0 <= C01 or C02;
22  end rtl;
```

　ここで，半加算器を部品 component として使用していますが，11 ～ 14 行目のように，リスト A2.1 の HA の entity 部をコピーアンドペーストして整形します．entity を component に書き換え，is を削除し，最後に component を入れます．16 行目は内部信号です．C 言語での内部変数に相当するものです．port 文の入出力端子宣言と似ていますが，方向はありません．19，20 行目のラベル U0:，U1: は，部品名というべきもので，ユニークに名付けなければいけません．このあたりは回路的です．port map() という記述で，入出力端子や内部信号と，引数渡しするというイメージです．

　次に，process 文内だけで使用できる，if 文について説明します．例としては付録 A.4「PLL/PWM モータ制御系の VHDL ソースリスト」の例で説明します．

　以下で，すべてのソースコードを記述すると，重複が多くなり煩雑ですので，付録 A.4 を参照するか，本書のサポートページからソースコードをダウンロードして，ソースコードを参照しながら読み進めてください．

　まず，コンパレータであるリスト A4.1 の CMP.vhd は，入力の組合せだけで，出力が一意に決まる組合せ回路です．したがって，14 行目の process 文の () 内には，すべての入力端子を並べます．省略してしまうと，いわゆる「透明ラッチ」（直接動作には関係ないが，その値を保つために作られるラッチのことで，当然速度が出なくなります）が生成されてしまいます．15 ～ 19 行目が if 文です．else は C 言語と同様ですが，end if が必要です．また，C 言語の if（式 1）文 1 else if（式 2）文 2 else 文 3；の else if は elsif になりま

す．また，式中の演算子 >= は，関係演算子です．以下の場合の <= は，配線（代入）の <= と同じですが，if 文の（式）内では関係演算子とみなされます．ここで，関係演算子（比較）は数値演算ですので，5 行目で宣言されているように数値演算ライブラリ（use ieee.std_logic_arith.all）を指定する必要があります．

　次に，アップカウンタであるリスト A4.2 の Up_Counter.vhd は，入力および内部信号の組合せで出力が決まる順序回路ですので，24 行目の process 文の () 内には，システムクロック信号 clk だけを記述しています．ここが本当に重要なのですが，順序回路では，システムクロックだけで同期（タイミング）をとります．そうしないと，論路合成の段階で，コンパイラがタイミングをつかめなくなり，時間がかかるばかりか下手をするとコンパイルが発散します（筆者も経験があります）．このあたりの事情はソフトウェアのコンパイルとは異質です．

　25 行目の if(clk'event and clk = '1') が，システムクロック信号 clk の立上りで処理が始まるという意味です．そして，if 文の記述が続くわけですが，最初に出てくるリセット信号 rst が最優先されることがわかると思います．なお，このリストでは，10, 15 行目のように，信号バス（C 言語の配列）を用いています．これは std_logc_vector(7 downto 0) のように記述します．最下位ビット（LSB）が 0 の添数字にしたほうが最下位桁をそろえるのに都合がよいので downto なのです．

　27 行目の（others => '0'）は奇妙な記述ですが，すべてが 0 の信号ベクトルという意味です．定数で普通に書くには，ダブルコーテーションで囲って，"00000000" のようにします．なお，スカラの信号 std_logic は，シングルコーテーションで囲って，'0'，'1' のように記述します．信号は '0'，'1' だけではなく，不定 'u' やドントケア 'X' なども含むからです．シングルコーテーションがない整数 integer でも，信号 std_logic にオーバーローディングしてくれる場合がありますが，慣れない間は，シングルコーテーションを使うほうがよいでしょう．

　最後に，process 文も同時処理分の一つです．したがって，33 行目の内部信号 cnt を出力端子 data に出力する文とは同時実行されます．

　そして，位相周波数検出器であるリスト A4.10 の PFD.vhd は，状態遷移回路の記述例です．どのような入出力をもち，どのような状態遷移をするかは，第 4 章図 4.10 の PFD（位相周波数比較器）の動作説明を参照してください．これもクロック同期とするために，入力をリスト A4.10 の PFD.vhd の 79, 80 行目のようにシンクロナイザで同期化しています．そして，状態遷移自体は，process 文内の case-when 文で記述しています．この場合は，内部状態と入力信号だけで次の状態が決まる「ムーアマシン」なので，読みこなしやすいと思います．なお，内部状態は 14, 15 行目のように型宣言しています．このような記述はプログラミング言語ならではのものです．

　最後に，この process 文内の case-when 文は，真理値表をそのまま記述するのにも使えます．例としては，付録 A.3「ディジタル砂時計の VHDL ソースリスト」のリスト A3.4 の

bin7seg.vhd にある，次のコードになります．

```
case bin is
  when "0000" => seg <= "1000000";
  (略)
  when others => seg <= "1111111";
end case;
```

=> seg <= に驚きますが，左側の => は，then の意味，右側の <= は配線です．また，組合せ回路の最後は，others で締めくくらないと「0，1」以外の信号に対処できません．

　数ページで VHDL を簡単に解説しましたが，もちろんもっと高度な記述をすることもできます．ただし，上記の知識で，十分に記述しつくすことはできます．もちろんそれでも，たとえば信号バス幅を可変にしたモジュールを記述したいというような場合もあるでしょう．それには，function で generic と constant を使ったりするのですが，それなりに高度になるので，以下の参考文献などを当たられることをおすすめします．

- marsee「VHDL の書き方」FPGA の部屋
  http://marsee101.web.fc2.com/writing_vhdl.html
  非常に実践的で参考になります．

- 谷川 裕恭『改訂　HDL によるハードウェア設計入門』CQ 出版社（1996）
  最初期からの定番教科書の改訂版です．ほとんどの FPGA 開発者がお世話になっていると思います．

- 仲野 巧『VHDL によるマイクロプロセッサ設計入門』CQ 出版社（2002）
  CASL II マイコンまで実現する学生の実験にも対応しています．

- 兼田 護『VHDL によるディジタル電子回路設計』森北出版（2007）
  回路例が豊富で実践で役に立ちます．

- 松村 謙・坂巻 佳壽美『VHDL による FPGA 設計＆デバッグ』オーム社（2012）
  シミュレーションやデバックになかなか時間をさけずに，ラピッドプロトタイピングしてしまう FPGA 開発にとって貴重な解説書です．

148 | 付　録

付録 A.3　ディジタル砂時計の VHDL ソースリスト

　ここでは，第3章のディジタル砂時計の VHDL ソースリスト（**リスト A3.1 ～ A3.19**）を示します．

　全体の回路図を**図 A3.1** に示します．

リスト A3.1　updown_cnt_bcd.vhd：2 進化 10 進数（BCD）でのアップダウンカウンタ

```
 1  Library Name :  bcd synchronous counter for glass timer init. value 0
 2  Unit    Name :  updown_cnt_bcd.vhd
 3  -- By H.Machida 2018/10/2
 4
 5  library ieee;
 6  use ieee.std_logic_1164.all;
 7  use ieee.std_logic_unsigned.all;
 8
 9  entity updown_cnt_bcd is
10    port (
11      zsin, clk, irst, load : in std_logic;
12      up,dn   : in std_logic;
13      data : in  std_logic_vector(3 downto 0 );
14      zsout, cout, bout : out std_logic;
15      zero : out std_logic;
16      q    : out std_logic_vector(3 downto 0 ) );
17  end;
18
19  architecture rtl of updown_cnt_bcd is
20    signal cnt : std_logic_vector(3 downto 0 ):="0000";
21  begin
22    process (clk) begin
23      if(clk'event and clk = '1') then
24        if(irst='0') then
25          cnt <= "0000";
26        elsif(load='1') then
27          cnt <= data;
28        elsif(up='1') then
29          if (cnt = "1001") then
30            cnt<="0000";         cout<='1';
31          else
32            cnt <= cnt + '1';    cout<='0';
33          end if;
34        elsif(dn='1') then
35          if (cnt = "0000") then
36            cnt<="1001";         bout<='1';
37          else
38            cnt <= cnt - '1';    bout<='0';
39          end if;
40        else
41          cout<='0'; bout<='0';
```

付録 A.3　ディジタル砂時計の VHDL ソースリスト　│　149

```
42        end if;
43      end if;
44    end process;
45
46    q <= cnt;
47    zero <= not (cnt(3) or cnt(2) or cnt(1) or cnt(0));
48
49    process(cnt,zsin) begin
50      if(cnt="0000") then
51        if (zsin = '1') then
52          zsout <= zsin;
53        else
54          zsout <= '0';
55        end if;
56      else
57        zsout <= '0';
58      end if;
59    end process;
60
61  end rtl;
```

リスト A3.2　updown_cnt_bcd_init_3.vhd：初期値が 3 の BCD アップダウンカウンタ（ラーメンタイマ用の 3 分を初期値とするため）

```
 1  Library Name :  bcd synchronous counter for glass timer init. value 3
 2  Unit    Name :  updown_cnt_bcd_init_3.vhd
 3  -- By H.Machida 2018/10/2
 4
 5  library ieee;
 6  use ieee.std_logic_1164.all;
 7  use ieee.std_logic_unsigned.all;
 8
 9  entity updown_cnt_bcd_init_3 is
10    port (
11      zsin, clk, irst, load : in std_logic;
12      up,dn   : in std_logic;
13      data : in  std_logic_vector(3 downto 0 );
14      zsout, cout, bout : out std_logic;
15      zero : out std_logic;
16      q    : out std_logic_vector(3 downto 0 ) );
17  end;
18
19  architecture rtl of updown_cnt_bcd_init_3 is
20    signal cnt : std_logic_vector(3 downto 0 ):="0011";
21  begin
22    process (clk) begin
23      if(clk'event and clk = '1') then
24        if(irst='0') then
25          cnt <= "0000";
26        elsif(load='1') then
27          cnt <= data;
28        elsif(up='1') then
```

```
29        if (cnt = "1001") then
30          cnt<="0000";            cout<='1';
31        else
32          cnt <= cnt + '1';      cout<='0';
33        end if;
34      elsif(dn='1') then
35        if (cnt = "0000") then
36          cnt<="1001";            bout<='1';
37        else
38          cnt <= cnt - '1';      bout<='0';
39        end if;
40      else
41        cout<='0'; bout<='0';
42      end if;
43    end if;
44  end process;
45
46  q <= cnt;
47  zero <= not (cnt(3) or cnt(2) or cnt(1) or cnt(0));
48
49  process(cnt,zsin) begin
50    if(cnt="0000") then
51      if (zsin = '1') then
52        zsout <= zsin;
53      else
54        zsout <= '0';
55      end if;
56    else
57      zsout <= '0';
58    end if;
59  end process;
60
61 end rtl;
```

リスト A3.3　updown_cnt_six.vhd：6 進アップダウンカウンタ

```
 1 Library Name :  six value synchronous counter for glass timer init. value 0
 2 Unit    Name :  updown_cnt_six.vhd
 3 -- By H.Machida 2018/10/2
 4
 5 library ieee;
 6 use ieee.std_logic_1164.all;
 7 use ieee.std_logic_unsigned.all;
 8
 9 entity updown_cnt_six is
10   port (
11     zsin, clk, irst, load : in std_logic;
12     up,dn   : in std_logic;
13     data : in  std_logic_vector(3 downto 0 );
14     zsout, cout, bout : out std_logic;
15     zero : out std_logic;
16     q    : out std_logic_vector(3 downto 0 ) );
```

付録 A.3　ディジタル砂時計の VHDL ソースリスト　　**151**

```vhdl
17  end;
18
19  architecture rtl of updown_cnt_six is
20    signal cnt : std_logic_vector(3 downto 0 ):="0000";
21  begin
22    process (clk) begin
23      if(clk'event and clk = '1') then
24        if(irst='0') then
25          cnt <= "0000";
26        elsif(load='1') then
27          cnt <= data;
28        elsif(up='1') then
29          if (cnt = "0101") then
30            cnt<="0000";          cout<='1';
31          else
32            cnt <= cnt + '1';     cout<='0';
33          end if;
34        elsif(dn='1') then
35          if (cnt = "0000") then
36            cnt<="0101";          bout<='1';
37          else
38            cnt <= cnt - '1';     bout<='0';
39          end if;
40        else
41          cout<='0'; bout<='0';
42        end if;
43      end if;
44    end process;
45
46    q <= cnt;
47    zero <= not (cnt(3) or cnt(2) or cnt(1) or cnt(0));
48
49    process(cnt,zsin) begin
50      if(cnt="0000") then
51        if (zsin = '1') then
52          zsout <= zsin;
53        else
54          zsout <= '0';
55        end if;
56      else
57        zsout <= '0';
58      end if;
59    end process;
60
61  end rtl;
```

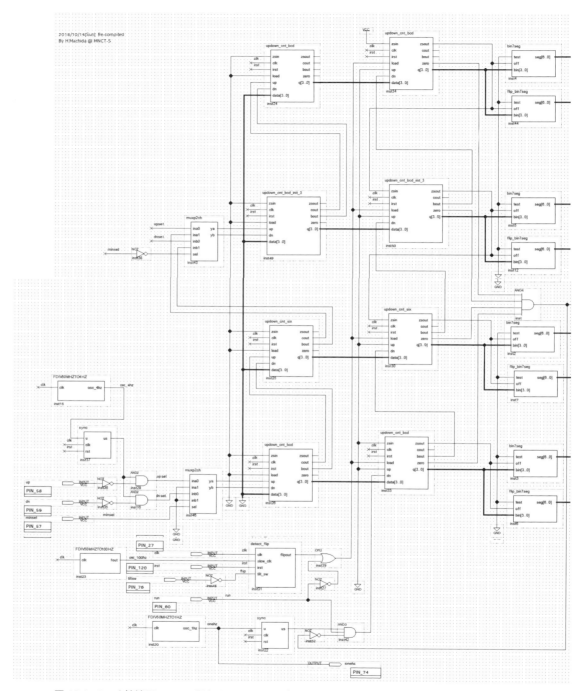

図 A3.1　Intel 社純正 MAX 10 評価キットによるディジタル砂時計回路図（Quartus Prime）

付録 A.3 ディジタル砂時計の VHDL ソースリスト | 153

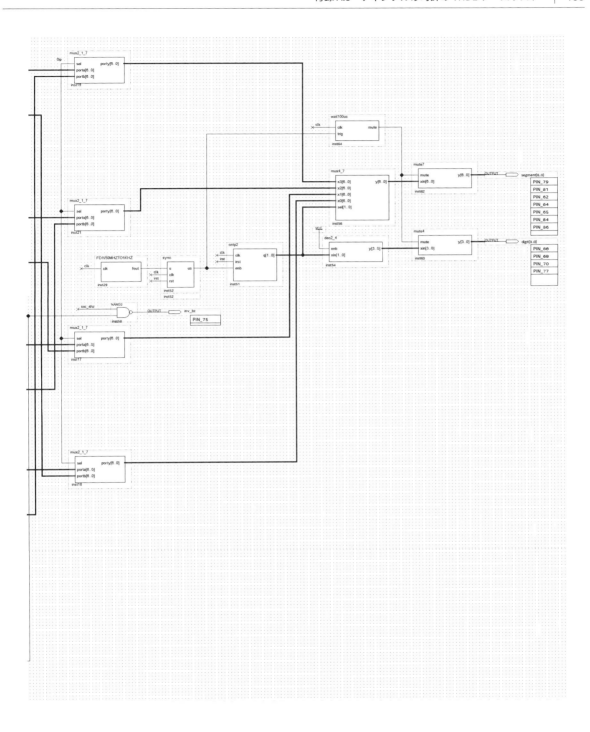

リスト A3.4 bin7seg.vhd：2進数→7セグメント LED パターン変換（正立）

```vhdl
1  -- digital flip glass clock
2  -- binary input 7seg LED decoder
3
4  library IEEE; use IEEE.STD_LOGIC_1164.ALL;
5  use IEEE.STD_LOGIC_UNSIGNED.ALL;
6
7  entity bin7seg is
8    port(test,off:in std_logic;
9       bin:in  std_logic_vector(3 downto 0);
10      seg:out std_logic_vector(6 downto 0));
11 end;
12
13 architecture rtl of bin7seg is
14  begin
15   process(test,off,bin) begin
16     if (test='1') then
17       seg <= "0000000";
18     elsif (off='1') then
19       seg <= "1111111";
20     else
21       case bin is
22         when "0000" => seg <= "1000000";
23         when "0001" => seg <= "1111001";
24         when "0010" => seg <= "0100100";
25         when "0011" => seg <= "0110000";
26         when "0100" => seg <= "0011001";
27         when "0101" => seg <= "0010010";
28         when "0110" => seg <= "0000010";
29         when "0111" => seg <= "1011000";
30         when "1000" => seg <= "0000000";
31         when "1001" => seg <= "0010000";
32         when "1010" => seg <= "0001000";
33         when "1011" => seg <= "0000011";
34         when "1100" => seg <= "1000110";
35         when "1101" => seg <= "0100001";
36         when "1110" => seg <= "0000110";
37         when "1111" => seg <= "0001110";
38         when others => seg <= "1111111";
39       end case;
40     end if;
41   end process;
42 end rtl;
```

付録 A.3　ディジタル砂時計の VHDL ソースリスト　│　155

リスト A3.5　flip_bin7seg.vhd：2 進数→ 7 セグメント LED パターン変換（倒立）

```
 1  -- digital flip glass clock
 2  -- binary input 7seg LED decoder (flipped)
 3
 4  library IEEE;  use IEEE.STD_LOGIC_1164.ALL;
 5  use IEEE.STD_LOGIC_UNSIGNED.ALL;
 6
 7  entity flip_bin7seg is
 8   port(test,off:in std_logic;
 9      bin:in  std_logic_vector (3 downto 0);
10      seg:out std_logic_vector(6 downto 0));
11   end;
12
13  architecture rtl of flip_bin7seg is
14  begin
15    process(test,off,bin) begin
16      if (test='1') then
17        seg <= "0000000";
18      elsif (off='1') then
19        seg <= "1111111";
20      else
21        case bin is
22          when "0000" => seg <= "1000000";
23          when "0001" => seg <= "1001111";
24          when "0010" => seg <= "0100100";
25          when "0011" => seg <= "0000110";
26          when "0100" => seg <= "0001011";
27          when "0101" => seg <= "0010010";
28          when "0110" => seg <= "0010000";
29          when "0111" => seg <= "1000011";
30          when "1000" => seg <= "0000000";
31          when "1001" => seg <= "0000010";
32          when "1010" => seg <= "0000001";
33          when "1011" => seg <= "0011000";
34          when "1100" => seg <= "1110000";
35          when "1101" => seg <= "0001100";
36          when "1110" => seg <= "0110000";
37          when "1111" => seg <= "0110001";
38        end case;
39      end if;
40    end process;
41  end rtl;
```

付　録

リスト A3.6　mux2_1_7.vhd：2 入力 1 出力 7 ビットバス幅マルチプレクサ

```
1   -- 2018/9/30
2   -- multi-plexer for 7segment data
3
4   library IEEE;
5   use IEEE.STD_LOGIC_1164.ALL;
6   use IEEE.STD_LOGIC_UNSIGNED.ALL;
7
8   entity mux2_1_7 is
9    port ( sel:in std_logic;
10          porta,portb:in std_logic_vector(6 downto 0);
11          porty:out std_logic_vector(6 downto 0));
12   end;
13
14   architecture rtl of mux2_1_7 is
15   begin
16    process (porta,portb,sel) begin
17     if(sel='0') then
18      porty <= porta;
19     else
20      porty <= portb;
21     end if;
22    end process;
23   end rtl;
```

リスト A3.7　mux4_7.vhd：4 入力 1 出力 7 ビット幅マルチプレクサ

```
1   -- 2018/10/9
2   -- 4ch multi-plexer for 7segment data
3
4   library IEEE;
5   use IEEE.STD_LOGIC_1164.ALL;
6   use IEEE.STD_LOGIC_UNSIGNED.ALL;
7
8   entity mux4_7 is
9     port (
10      x3,x2,x1,x0 : in std_logic_vector(6 downto 0);
11      sel : in std_logic_vector(1 downto 0);
12      y   : out std_logic_vector(6 downto 0));
13   end;
14
15   architecture rtl of mux4_7 is
16   begin
17    process (x0,x1,x2,x3,sel) begin
18     if(sel="00") then
19      y <= x0;
20     elsif(sel="01") then
21      y <= x1;
22     elsif(sel="10") then
23      y <= x2;
24     else
```

付録 A.3　ディジタル砂時計の VHDL ソースリスト | 157

```vhdl
25        y <= x3;
26      end if;
27    end process;
28 end rtl;
```

リスト A3.8　mute4.vhd：4 ビット幅データを mute の間はすべて 0 とする

```vhdl
 1 -- mute 4 bit
 2
 3 library IEEE;  use IEEE.STD_LOGIC_1164.ALL;
 4 use IEEE.STD_LOGIC_UNSIGNED.ALL;
 5
 6 entity mute4 is
 7   port (
 8     mute : in  std_logic;
 9     xin : in  std_logic_vector(3 downto 0);
10     y   : out std_logic_vector(3 downto 0) );
11 end;
12
13 architecture rtl of mute4 is
14 begin
15   process (xin,mute) begin
16     if(mute='1') then
17       y <= "0000";
18     else
19       y <= xin;
20     end if;
21   end process;
22 end rtl;
```

リスト A3.9　mute7.vhd：7 ビット幅データを mute の間はすべて 0 とする

```vhdl
 1 -- mute 7 bit
 2
 3 library IEEE;  use IEEE.STD_LOGIC_1164.ALL;
 4 use IEEE.STD_LOGIC_UNSIGNED.ALL;
 5
 6 entity mute7 is
 7   port ( mute : in  std_logic;
 8          xin  : in  std_logic_vector(6 downto 0);
 9          y    : out std_logic_vector(6 downto 0) );
10 end;
11
12 architecture rtl of mute7 is
13 begin
14   process (xin,mute) begin
15     if(mute='1') then
16       y <= "1111111";
17     else
18       y <= xin;
19     end if;
```

```
20    end process;
21  end rtl;
```

リスト A3.10　cntp2.vhd：2ビットカウンタ

```
 1  Library Name :  primitive 2bit counter
 2  Unit    Name :  cntp2.vhd
 3  -- By H.Machida 2018/10/9
 4
 5  library ieee;
 6  use ieee.std_logic_1164.all;
 7  use ieee.std_logic_unsigned.all;
 8
 9  entity cntp2 is
10    port (
11      clk, irst, enb : in std_logic;
12      q : out std_logic_vector(1 downto 0 ) );
13  end;
14
15  architecture rtl of cntp2 is
16    signal cnt : std_logic_vector(1 downto 0 ):="00";
17  begin
18    process (clk) begin
19      if(clk'event and clk = '1') then
20        if(irst='0') then
21          cnt <= "00";
22        elsif(enb='1') then
23          cnt <= cnt + '1';
24        end if;
25      end if;
26    end process;
27    q <= cnt;
28  end rtl;
```

リスト A3.11　dec2_4.vhd：2ビットパラレル値から4ビットワンホット値へのデコーダ

```
 1  -- 2 to 4 primitive decoder
 2
 3  library IEEE; use IEEE.STD_LOGIC_1164.ALL;
 4  use IEEE.STD_LOGIC_UNSIGNED.ALL;
 5
 6  entity dec2_4 is
 7    port ( enb : in  std_logic;
 8      xin : in  std_logic_vector(1 downto 0);
 9      y   : out std_logic_vector(3 downto 0) );
10  end;
11
12  architecture rtl of dec2_4 is
13  begin
14    process (xin,enb) begin
15      if(enb/='1') then
```

付録 A.3　ディジタル砂時計の VHDL ソースリスト | 159

```
16      y <= "0000";
17      elsif(xin="00") then
18        y <= "0001";
19      elsif(xin="01") then
20        y <= "0010";
21      elsif(xin="10") then
22        y <= "0100";
23      else
24        y <= "1000";
25      end if;
26    end process;
27  end rtl;
```

リスト A3.12　FDIV50MHZTO1HZ.vhd：50 MHz から 1 Hz への分周器

```
1  -- frequency 50MHz to 1Hz    VHDL source code 2019/1/5
2  -- pre dvide by 50,000
3  -- log2(50,000)=log10(50,000)/log10(2)=15.6 -> ceil=16
4  -- and divide by 1,000
5  -- log2(1,000)=log10(1,000)/log10(2)=10 -> ceil=10
6
7  library IEEE; use IEEE.STD_LOGIC_1164.ALL;
8  use IEEE.STD_LOGIC_UNSIGNED.ALL;
9
10 entity FDIV50MHZTO1HZ is
11 port (  clk:in std_logic;
12         osc_1hz:out std_logic );
13 end;
14
15 architecture rtl of FDIV50MHZTO1HZ is
16   signal Q1:std_logic_vector(15 downto 0);
17   signal Q2:std_logic_vector(9 downto 0);
18 begin
19   osc_1hz <= Q2(9);
20
21   process(clk) begin
22     if (clk'event and clk='1') then
23       if (Q1=49999) then Q1 <= (others => '0');
24                  else Q1 <= Q1+1;
25       end if;
26     end if;
27   end process;
28
29   process(Q1(15)) begin
30     if (Q1(15)'event and Q1(15)='1') then
31       if (Q2=999) then Q2 <= (others => '0');
32                 else Q2 <= Q2+1;
33       end if;
34     end if;
35   end process;
36
37 end rtl;
```

160 | 付　録

リスト A3.13　FDIV50MHZTO4HZ.vhd：50 MHz から 4 Hz への分周器

```
1   -- frequency 50MHz to 1Hz    VHDL source code 2019/1/5
2   -- pre dvide by 50,000
3   -- log2(50,000)=log10(50,000)/log10(2)=15.6 -> ceil=16
4   -- 1,000/4=250, divide by 250
5   -- log2(250)=log10(250)/log10(2)=7.99 -> ceil=8
6
7   library IEEE; use IEEE.STD_LOGIC_1164.ALL;
8   use IEEE.STD_LOGIC_UNSIGNED.ALL;
9
10  entity FDIV50MHZTO4HZ is
11  port (   clk:in std_logic;
12      osc_4hz:out std_logic );
13  end;
14
15  architecture rtl of FDIV50MHZTO4HZ is
16    signal Q1:std_logic_vector(15 downto 0);
17    signal Q2:std_logic_vector(7 downto 0);
18  begin
19    osc_4hz <= Q2(7);
20
21    process(clk) begin
22      if (clk'event and clk='1') then
23        if (Q1=49999) then Q1 <= (others => '0');
24                    else Q1 <= Q1+1;
25        end if;
26      end if;
27    end process;
28
29    process(Q1(15)) begin
30      if (Q1(15)'event and Q1(15)='1') then
31        if (Q2=249) then Q2 <= (others => '0');
32                    else Q2 <= Q2+1;
33        end if;
34      end if;
35    end process;
36
37  end rtl;
```

リスト A3.14　FDIV50MHZTO100HZ.vhd：50 MHz から 100 Hz への分周器

```
1   -- frequency 50MHz to 100Hz    VHDL source code 2019/1/5
2   -- pre dvide by 50,000
3   -- log2(50,000)=log10(50,000)/log10(2)=15.6 -> ceil=16
4   -- and divide by 10
5   -- log2(10)=log10(100)/log10(2)=6.66 -> ceil=7
6
7   library IEEE; use IEEE.STD_LOGIC_1164.ALL;
8   use IEEE.STD_LOGIC_UNSIGNED.ALL;
9
10  entity FDIV50MHZTO100HZ is
```

付録 A.3　ディジタル砂時計の VHDL ソースリスト　│　161

```
11  port( clk:in std_logic;
12        fout:out std_logic );
13  end;
14
15  architecture rtl of FDIV50MHZTO100HZ is
16    signal Q1:std_logic_vector(15 downto 0);
17    signal Q2:std_logic_vector(6 downto 0);
18  begin
19    fout <= Q2(6);
20
21    process(clk) begin
22      if (clk'event and clk='1') then
23        if (Q1=49999) then Q1 <= (others => '0');
24                  else Q1 <= Q1+1;
25        end if;
26      end if;
27    end process;
28
29    process(Q1(15)) begin
30      if (Q1(15)'event and Q1(15)='1') then
31        if (Q2=9) then Q2 <= (others => '0');
32              else Q2 <= Q2+1;
33        end if;
34      end if;
35    end process;
36
37  end rtl;
```

リスト A3.15　FDIV50MHZTO1KHZ.vhd：50 MHz から 1 kHz への分周器

```
 1  -- frequency 50MHz to 100Hz   VHDL source code 2019/1/5
 2  -- pre dvide by 50,000
 3  -- log2(50,000)=log10(50,000)/log10(2)=15.6 -> ceil=16
 4
 5  library IEEE; use IEEE.STD_LOGIC_1164.ALL;
 6  use IEEE.STD_LOGIC_UNSIGNED.ALL;
 7
 8  entity FDIV50MHZTO1KHZ is
 9  port( clk:in  std_logic;
10      fout:out std_logic );
11  end;
12
13  architecture rtl of FDIV50MHZTO1KHZ is
14    signal Q1:std_logic_vector(15 downto 0);
15  begin
16    fout <= Q1(15);
17
18    process(clk) begin
19      if (clk'event and clk='1') then
20        if (Q1=49999) then Q1 <= (others => '0');
21                  else Q1 <= Q1+1;
22        end if;
```

```
23      end if;
24    end process;
25  end rtl;
```

リスト A3.16　sync.vhd：シンクロナイザ（クロック同期化器）

```
1  -- Synchronizer
2
3  library ieee; use ieee.STD_LOGIC_1164.all;
4
5  entity  sync is
6  port (u,clk,rst : in std_logic ;
7       us : out std_logic );
8  end;
9
10 -----------------------------------------
11 architecture  RTL  of  sync  is
12
13 component DFFR
14   port(CLK,D,R : in std_logic;
15       Q,QN:out std_logic)16  end component;
17
18 signal Q1,Q1N,Q2,Q2N :std_logic;
19
20 begin
21   A0:DFFR port map(clk,u,rst,Q1,Q1N);
22   A1:DFFR port map(clk,Q1,rst,Q2,Q2N);
23   us <= Q1N nor Q2;
24 end RTL;
```

リスト A3.17　muxp2ch.vhd：2 入力 1 出力の基本的なマルチプレクサ

```
1  -- 2 channel multiplexer
2  library ieee;
3  use ieee.std_logic_1164.all;
4
5  entity muxp2ch is
6    port(
7      ina0,ina1,inb0,inb1 : in  std_logic;
8      sel  : in  std_logic;
9      ya,yb : out std_logic );
10 end;
11
12 architecture rtl of muxp2ch is
13 begin
14   process(ina1,ina0,inb0,inb1,sel)begin
15     if(sel='0')then
16       ya<=ina0; yb<=inb0;
17     else
18       ya<=ina1; yb<=inb1;
19     end if;
```

付録 A.3　ディジタル砂時計の VHDL ソースリスト　│　163

```
20    end process;
21  end rtl;
```

リスト A3.18　detect_flip.vhd：反転（正立←→倒立）検出

```
 1  Library Name :  detect_flip.vhd
 2
 3  library ieee;  use ieee.std_logic_1164.all;
 4  use ieee.std_logic_unsigned.all;
 5
 6  entity detect_flip is
 7    port (  clk, slow_clk, irst : in std_logic;
 8            tilt_sw : in std_logic;
 9            flipout : out std_logic );
10  end;
11
12  architecture rtl of detect_flip is
13    signal flip : std_logic;
14    signal q,qn : std_logic_vector(3 downto 0 );
15
16    component sync
17      port(u,clk,rst : in std_logic ;
18           us : out std_logic );
19    end component;
20
21    component DFFR
22      port(CLK,D,R : in std_logic;
23           Q,QN:out std_logic);
24    end component;
25
26  begin
27    A0 : DFFR port map(slow_clk,tilt_sw,irst,q(0),qn(0));
28    A1 : DFFR port map(slow_clk,   q(0),irst,q(1),qn(1));
29    A2 : DFFR port map(slow_clk,   q(1),irst,q(2),qn(2));
30    A3 : DFFR port map(slow_clk,   q(2),irst,q(3),qn(3));
31    flip <=   (qn(0) and  q(1) and  q(2) and  q(3))
32          or (q(0) and qn(1) and qn(2) and qn(3));
33    B0 : sync port map(flip,clk,irst,flipout);
34  end rtl;
```

リスト A3.19　dffr.vhd：リセット付き D-FF

```
 1
 2  ----------------------------------------
 3  -- Date       : Wed Sep 22 10:36:53 1999
 4  -- Author     : Hidekazu Machida
 5  -- Description : D-F/F for sychronizer
 6  ----------------------------------------
 7  library ieee; use ieee.STD_LOGIC_1164.all;
 8
 9  entity  DFFR  is
```

```
10    port(CLK,D,R : in std_logic;
11         Q,QN:out std_logic);
12  end DFFR;
13
14  ----------------------------------------
15  architecture  RTL  of  DFFR  is
16  signal Q_IN : std_logic;
17  begin
18    QN <= not Q_IN;
19    Q  <= Q_IN;
20    process(CLK) begin
21      if(CLK'event and CLK='1') then
22        if(R='0') then
23          Q_IN<='0';
24        else
25          Q_IN <= D;
26        end if;
27      end if;
28    end process;
29  end RTL;
```

付録 A.4　PLL/PWM モータ制御系の VHDL ソースリスト | **165**

付録 A.4　PLL/PWM モータ制御系の VHDL ソースリスト

　ここでは，第 4 章の PLL/PWM モータコントローラの VHDL ソースリスト（**リスト A4.1 ～ A4.10**）を示します．全体の回路図は図 4.16 にあります．

リスト A4.1　CMP.vhd：比較器（コンパレータ）

```vhdl
 1  -- 2019/3/6 H.Machida
 2  -- comparetor of PWM for motor
 3
 4  library ieee; use ieee.std_logic_1164.all;
 5  use ieee.std_logic_arith.all;
 6   6
 7  entity CMP is
 8    port( A,B : in std_logic_vector(7 downto 0);
 9          pwm : out std_logic );
10  end ;
11
12  architecture rtl of CMP is
13  begin
14    process(A,B) begin
15      if(A >= B)then
16        pwm <= '1';
17      else
18        pwm <= '0';
19      end if;
20    end process;
21  end rtl;
```

リスト A4.2　Up_Counter.vhd：8 ビットアップカウンタ

```vhdl
 1  -- 2019/3/6 H.Machida
 2  -- up counter for PLL/PWM motor speed controller
 3  -- PWM signal generator of motor drive
 4
 5  library ieee; use ieee.std_logic_1164.all;
 6  use ieee.std_logic_unsigned.all;
 7
 8  entity Up_Counter is
 9    port( clk,rst,enb : in std_logic;
10                data : out std_logic_vector(7 downto 0) );
11  end;
12
13  architecture rtl of Up_Counter is
14    signal e : std_logic;
15    signal cnt : std_logic_vector(7 downto 0);
16
17  component sync
```

```
18     port( clk,indata : in std_logic;
19             outdata : out std_logic );
20   end component;
21
22   begin
23     P1:sync port map(clk,enb,e);
24     process(clk) begin
25       if(clk'event and clk = '1')then
26         if(rst = '0')then
27           cnt <= (others => '0');
28         elsif(e = '1')then
29           cnt <= cnt + '1';
30         end if;
31       end if;
32     end process;
33     data <= cnt;
34   end rtl;
```

リスト A4.3　propadd.vhd：PWM 信号の比例演算加算器

```
1    -- 2019/3/6 H.Machida
2    -- addition for proportional op. of PLL/PWM motor speed controller
3
4    library ieee; use ieee.std_logic_1164.all;
5    use ieee.std_logic_unsigned.all;
6
7    entity propadd is
8      port( lag,lead : in std_logic;
9              Kp,udQ : in std_logic_vector(7 downto 0);
10                  Q : out std_logic_vector(7 downto 0) );
11   end;
12
13   architecture rtl of propadd is
14     signal cnt : std_logic_vector(7 downto 0);
15   begin
16     Q <= cnt;
17     process(lag,lead,udQ,Kp) begin
18       if(lag = '1' and lead = '0')then
19         if(udQ >= "11111111" - Kp)then
20           cnt <= (others => '1');
21         else
22           cnt <= udQ + Kp;
23         end if;
24       elsif(lag = '0' and lead = '1')then
25         if(udQ <= Kp)then
26           cnt <= (others => '0');
27         else
28           cnt <= udQ - Kp;
29         end if;
30       else
31         cnt <= udQ;
32       end if;
```

付録 A.4　PLL/PWM モータ制御系の VHDL ソースリスト　| 167

```
33    end process;
34  end rtl;
```

リスト A4.4　Up_Down_Counter.vhd：オーバーフロー防止機能付きアップダウンカウンタ

```
1  -- up/down  counter for PLL/PWM motor speed controller
2  -- PWM signal integrate operation
3
4  library ieee; use ieee.std_logic_1164.all;
5  use ieee.std_logic_unsigned.all;
6
7  entity Up_Down_Counter is
8    port( clk,rst,up,dn,enb : in std_logic;
9          data : out std_logic_vector(7 downto 0) );
10 end;
11
12 architecture rtl of Up_Down_Counter is
13   signal e   : std_logic;
14   signal cnt : std_logic_vector(15 downto 0);
15
16 component sync
17   port( clk,indata : in std_logic;
18         outdata : out std_logic );
19 end component;
20
21 begin
22   P1:sync port map(clk,enb,e);
23   process(clk)begin
24     if(clk'event and clk = '1')then
25       if(rst = '0')then
26         cnt <= (others => '0');
27       elsif(e = '1')then
28         if(up = '1' and dn = '0')then
29           if(cnt < "1111111111111111")then
30             cnt <= cnt + '1';
31           end if;
32         elsif(up = '0' and dn = '1')then
33           if(cnt > "0000000000000000")then
34             cnt <= cnt - '1';
35           end if;
36         end if;
37       end if;
38     end if;
39   end process;
40   data <= cnt(15 downto 8);
41 end rtl;
```

リスト A4.5　Divider.vhd：プログラマブル分周器

```vhdl
 1  -- 2019/3/6 H.Machida
 2  -- Divider for speed synthesis of PLL/PWM-MSC
 3  library ieee; use ieee.std_logic_1164.all;
 4  use ieee.std_logic_unsigned.all;
 5
 6  entity Divider is
 7    port( clk,rst,divin : in std_logic;
 8      Ndata    : in std_logic_vector(7 downto 0);
 9      divout  : out std_logic );
10  end Divider;
11
12  architecture rtl of Divider is
13    signal cnt : std_logic_vector(7 downto 0);
14    signal divins,div2 : std_logic;
15
16  component sync
17    port( clk,indata  : in std_logic;
18        outdata   : out std_logic);
19  end component;
20
21  begin
22    P1:sync port map(clk,divin,divins);
23    process(clk) begin
24      if(clk'event and clk = '1')then
25        if(rst = '0')then
26    cnt <= (others => '0');
27    div2 <= '0';
28        elsif(divins = '1') then
29          if(cnt = "00000000")then
30            cnt <= Ndata;
31            div2 <= not div2;
32          else
33            cnt <= cnt - '1';
34          end if;
35        end if;
36      end if;
37    end process;
38    divout <= div2;
39  end rtl;
```

付録 A.4　PLL/PWM モータ制御系の VHDL ソースリスト 169

リスト A4.6　constant31.vhd：定数 31

```
1   -- 2019/3/6 H.Machida
2   -- Kp constant of PLL/PWM -MSC
3
4   library ieee; use ieee.std_logic_1164.all;
5
6   entity constant31 is
7    port( Q:out std_logic_vector(7 downto 0));
8   end ;
9
10  architecture rtl of constant31 is
11  begin
12    Q <= "00011111";  -- Decimal 31
13  end;
```

リスト A4.7　sync.vhd：シンクロナイザ（クロック同期化器）

```
1   -- H.Machida@MNCT-S
2   -- synchronizer
3
4   library ieee; use ieee.std_logic_1164.all;
5   use ieee.std_logic_unsigned.all;
6
7   entity sync is
8     port( clk,indata : in std_logic;
9             outdata : out std_logic );
10  end;
11  11
12  architecture rtl of sync is
13    signal data : std_logic;
14  begin
15    process(clk)     begin
16      if(clk'event and clk = '1')then
17        data <= indata;
18        outdata <= indata and (not data);
19      end if;
20    end process;
21  end rtl;
```

170 | 付 録

リスト A4.8　generator_clk2.vhd：clk2 発生用の 50 MHz から 65.60 kHz への分周器

```
1   -- 2019/3/6 H.Machida
2   -- Ki(Integral) clock generator of PLL/PWM-MSC
3   -- a=10, clk2(Ki)=65.60kHz, km=3.39 kHz/V,  Kp=31
4   -- system ckock (clk) = 50MHz :  50,000/65.60=762
5
6   library ieee; use ieee.std_logic_1164.all;
7
8   entity generator_clk2 is
9     port( clk : in std_logic;
10          outclk : out std_logic);
11  end;
12
13  architecture rtl of generator_clk2 is
14    signal save : std_logic;
15  begin
16    outclk <= save;
17    process(clk)
18      variable cnt : integer range 0 to 762;
19    begin
20      if(clk'event and clk = '1')then
21        if(cnt = 0)then
22          cnt := 762;
23            save <= '1';
24          else
25            cnt := cnt - 1;
26            save <= '0';
27          end if;
28        end if;
29      end process;
30  end rtl;
```

リスト A4.9　generator_clk3.vhd：clk3 発生用の 50 MHz から 20 kHz への分周器

```
1   -- 2019/3/6 H.Machida
2   -- PWM clock generator constant of PLL/PWM-MSC
3   -- fpwm=20kHz, clk=50MHz : (50,000/2^8)/20=9 (floor)
4
5   library ieee; use ieee.std_logic_1164.all;
6
7   entity generator_clk3 is
8     port( clk : in std_logic;
9           outclk : out std_logic);
10  end;
11
12  architecture rtl of generator_clk3 is
13    signal save : std_logic;
14  begin
15    outclk <= save;
16    process(clk)
17      variable cnt : integer range 0 to 9;
```

付録 A.4　PLL/PWM モータ制御系の VHDL ソースリスト　｜　171

```
18     begin
19       if(clk'event and clk = '1')then
20         if(cnt = 0)then
21           cnt := 9;
22             save <= '1';
23           else
24             cnt := cnt - 1;
25             save <= '0';
26           end if;
27         end if;
28       end process;
29     end rtl;
```

リスト A4.10　PFD.vhd：位相周波数比較器（Phase Frequency Detector）

```
1   -- 2017/12/13 H.Machida@MNCT-S
2   -- state Phase Frequency Detector
3   --   with output of the lock-out pulse
4
5   library ieee;
6   use ieee.std_logic_1164.all;
7
8   entity spfd is
9     port ( clk,rst,u1s,u2s : in  std_logic;
10           up,down : out std_logic );
11  end;
12
13  architecture rtl of spfd is
14    type state is (lead, lock, lag);
15    signal current_state : state;
16  begin
17    process (clk)
18    begin
19      if (clk'event and clk = '1') then
20        if (rst = '0') then
21          up <= '0'; down <= '0'; current_state <= lock;
22        else
23          case current_state is
24            when lead =>
25              if (u1s = '0' and u2s = '1') then
26                up <= '0'; down <= '1';
27              elsif (u1s = '1' and u2s = '0') then
28                up <= '0'; down <= '0'; current_state <= lock;
29              else
30                current_state <= lead;
31              end if;
32            when lock =>
33              if (u1s = '0' and u2s = '1') then
34                up <= '0'; down <= '1'; current_state <= lead;
35              elsif (u1s = '1' and u2s = '0') then
36                up <= '1'; down <= '0'; current_state <= lag;
37              else
```

```
38              current_state <= lock;
39            end if;
40        when lag =>
41          if (u1s = '0' and u2s = '1') then
42            up <= '0'; down <= '0'; current_state <= lock;
43          elsif (u1s = '1' and u2s = '0') then
44            up <= '1'; down <= '0';
45          else
46            current_state <= lag;
47          end if;
48        when others =>
49          up <= '0'; down <= '0'; current_state <= lock;
50      end case;
51    end if;
52  end if;
53  end process;
54 end rtl;
55
56 -------------------------------------------------
57 library ieee;
58 use ieee.std_logic_1164.all;
59
60 entity pfd is
61   port ( clk,rst,u1,u2 : in std_logic;
62          up,down : out std_logic );
63 end ;
64
65 architecture rtl of pfd is
66   signal u1s,u2s : std_logic;
67
68   component sync is
69     port( clk,indata : in  std_logic;
70           outdata    : out std_logic );
71   end component;
72
73   component spfd is
74     port ( clk,rst,u1s,u2s : in std_logic;
75                    up,down : out std_logic );
76   end component;
77
78 begin
79   c2: sync port map (clk, u1, u1s);
80   c3: sync port map (clk, u2, u2s);
81   inst_pfd: spfd port map (clk, rst, u1s, u2s, up, down);
82 end rtl;
```

付録 A.5　MAX 7128S 評価ボード

簡単に自作することのできる MAX 7128S 評価ボードのプリントパターンを示します（図 A5.1）．

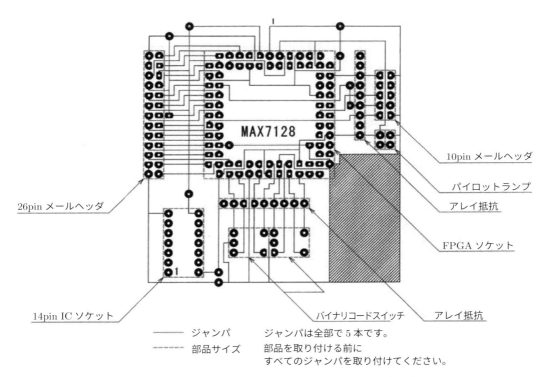

図 A5.1　MAX 7128S 評価ボードのプリントパターン（裏側）

入出力のピンアサインは**表 A5.1，A5.2** のとおりです．なお，MAX 7000 シリーズの詳細情報は Intel（旧 Altera）社のホームページ http://www.altera.com（Intel 社のページにリダイレクトされます）から得られます．

表 A5.1　FPGA 評価ボード部品表

品　名	個　数	品　名	個　数
プリント基板	1	ヘッダピン 2 列 10 pin	1
PLCC 84 pin ソケット	1	ヘッダピン 2 列 26 pin	1
DIP 14 pin ソケット	1	水晶発振モジュール	1
アレイ抵抗 103 × 8	2	抵抗 470 Ω	1
バイナリスイッチ	2	LED　緑	1

表 A5.2　MAX 7128S ピンアサイン表

ピン	名　称	ピン	名　称	ピン	名　称	ピン	名　称	ピン	名　称
1	GCLR	21	I/O	41	I/O	61	I/O	81	I/O
2	OE2/GCLK2	22	I/O	42	GND	62	TCK	82	GND
3	Vcc	23	TMS	43	Vcc	63	I/O	83	GCLK1
4	I/O	24	I/O	44	I/O	64	I/O	84	OE1
5	I/O	25	I/O	45	I/O	65	I/O		
6	I/O	26	Vcc	46	I/O	66	Vcc		
7	GND	27	I/O	47	GND	67	I/O		
8	I/O	28	I/O	48	I/O	68	I/O		
9	I/O	29	I/O	49	I/O	69	I/O		
10	I/O	30	I/O	50	I/O	70	I/O		
11	I/O	31	I/O	51	I/O	71	TDO		
12	I/O	32	GND	52	I/O	72	GND		
13	Vcc	33	I/O	53	Vcc	73	I/O		
14	TDI	34	I/O	54	I/O	74	I/O		
15	I/O	35	I/O	55	I/O	75	I/O		
16	I/O	36	I/O	56	I/O	76	I/O		
17	I/O	37	I/O	57	I/O	77	I/O		
18	I/O	38	Vcc	58	I/O	78	Vcc		
19	GND	39	I/O	59	GND	79	I/O		
20	I/O	40	I/O	60	I/O	80	I/O		

索 引

[ギリシャ文字・記号・数字]

ΔΣ 変調器 98

.pof 39
.sof 39
.v 42
.vhd 42

3 ステート NOT 7
4028 92
4 ビットリップル加算器 55
7 セグメント LED 86, 92

[A]
ABEL 9
AI 43, 52, 60
Altera 社 17
Arduino 16
ARM 52
ASIC 8, 88

[B]
Behavior 51

[C]
C/C++ 52, 56, 57
case-when 文 146
Cell Base 8
CMOS 7
COB 84
Complex-PLD 112
component 文 145
CSV 57
Cyclone 10 17
Cyclone II 17
Cyclone III 17

Cyclone IV 17
Cyclone V 17

[D]
DDS 80, 81
D-FF 53, 54, 99
DSP 13

[E]
EDA ツール 52, 56, 72
EEP-ROM 39
entity 文 145
ESP-WROOM-32 123
EX-OR 103

[F]
F/V コンバータ 97
FPGA 1, 10, 51, 67, 77
FPGA 評価ボード 14

[G]
Gate Array 2, 8
GPU 52

[H]
HLS 17, 43, 52

[I]
if 文 141, 145
Intel 社 17
IoT 121
ISP 2, 11, 36, 38

[J]
JK-FF 103

[L]

LED 62
LF 102, 104
lpm 25
LPM 57
L チカ 17

[M]

MAX 10（評価ボード）..............14, 17, 38, 61, 71, 87, 92
MAX 3000 17
MAX 7000 17
MAX 7128S 112, 173
MAX II 17, 86
MOSFET..4, 83, 115

[N]

NAND 7
NCO 80, 83, 117
nMOS 5
NOR 7
NOT 7
n 形半導体 4
N ビット入力加算器..60

[O]

OR-NAND..7

[P]

PD 102, 103
PDM 60, 67
PD ゲイン 104
PFD 103, 113, 146
PID 制御..99
PLL 38, 72, 80, 101, 102
PLL/PWN モータ制御系..165
PLL モーション制御..67, 97
PLL モータ速度制御系..101
pMOS 5
pn 接合ダイオード..3
port map 文..145
port 文..144
process 文..141, 145, 146
PWM 60, 67, 115
PWM 信号..68, 104, 109, 113
PWM 波形..62
PWM 復調回路..116
Python 56, 57

[Q]

p 形半導体..4

[Q]

Quartus 42, 141
Quartus II..17
Quartus Prime 17, 59, 61, 63, 129

[R]

Rapid Proto-typing 1
Reconfiguration 2
ROM 表引き..98
RTL 43, 51

[S]

Serial-EEP-ROM 1
Simple-PLD 9
SIS 57
SRAM 1, 38, 41
Staraltix 10..17
std_logic 型..144

[T]

Time to Market 2

[U]

UP/DOWN カウンタ..113
USB-Blaster..14
USB-DAC..12
USB ブラスタ..33
UV-EPROM..9

[V]

VCO 80, 102, 105, 106, 117
VCO ゲイン..105
Verilog HDL 31, 42, 56, 57, 142
VHDL 17, 31, 42, 56, 57, 88, 141, 142
VLSI..8

[W]

Wi-Fi ルータ..123

[Y]

YouTube 動画..71, 78, 81, 88, 95, 112

[あ]

アクションカメラ..78
アクチュエータ..97

アノード 4

位相幾何学的接続 62
位相周波数比較器 103
位相進み補償 106
位相同期外れ 119
位相比較器 102, 103
位相余裕 106
一巡伝達関数 106
イネーブル信号 54, 99

エミッタ 4
エンコーダ 55, 97
演算子 144

[か]
回転方向を弁別 75
回路記述 142
回路図 17, 56
回路図エディタ 24, 59
書込可能 IC 9
書込器 14, 17
画像処理 43
カソード 4
カテーテル 14
関係演算子 146

起動画面 18
競合状態 141

クオーツロック 101
組合せ論理回路 54, 55
クロック信号 52
クロック同期 67

ゲート 5
ゲートアレイ 8

高位合成 43
高級言語 56
コメント 143
コレクタ 4
コンパイル 31
コンパレータ 115

[さ]
在庫対策 67

魚釣りゲーム 109, 120

軸索 60
シーケンシャル/カスケード接続 62
自動制御系 98
シナプス 60
時分割処理 57
ジャイロセンサ 97
自由電子 2
周波数特性 105
状態空間表現 53
状態遷移グラフ 56
状態遷移表 56
シリアル接続 62
シンクロナイザ 72, 100
神経回路網 60
神経細胞 60
人工知能 43
深層学習 60
ジンバル 78
真理値表 56, 146

水晶振動子 101
数値制御発振器 80
ステッピングモータドライバ 10
ストロボ 80, 83

正孔 2
積分器 100
積分ゲイン 105
セグウェイ 97
接合形トランジスタ 4
セミカスタム 8
セルベース 8
全加算器 58, 144

ソース 5

[た]
ダイナミック表示 92
ダイレクトデジタルシンセサイザ 81
多次元接続 62
多数決回路 58
多入力加算器 62

逐次処理 57
チャタリング 75

チャタリング除去回路	77
ディジタル LED 針式時計	92
ディジタル回路設計	51
ディジタル砂時計	86, 146, 148
ディープラーニング	60
デコーダ	55
デッドタイム	92
デバイスマネージャー	34
デバッグ	48
デマルチプレクサ	55
電圧制御発振器	80, 102, 105
電子カム	119
伝達関数	105
同期回路	142
同期回路設計	43, 54, 70, 77
同期化器	72
ドップラシフト効果	117
ドレイン	5
ドローン	97

[な]

二重ループ PLL	117
入出力ブロック	11
ニューラルネットワーク	60
ニューロン	60
ネットワークルータ	12

[は]

排他的論理和	103
ハザード	141
発振器	115
ハードウェア記述言語	56
はやぶさ 2	118
パラレル/カスケード接続	62
パルス	80
パルス幅	68
半加算器	58, 143
半導体	2
ビジョンチップ	13

ビットスライス接続	62
微分器	72
標準積和形	58
比例ゲイン	105
ピンアサイン	16, 33, 61, 89
ピン数	67
ピンプランナ	32
ファームウェア	12
フィードフォワード	117
プラネタリウム	120
プログラマ	36
プログラマブル交換スイッチ	11
フローチャート	56
ブロック線図	98
並列処理	57
ベース	4
偏差	98
ボンディングワイヤ	14

[ま]

マイコン	38
巻線機械コントローラ	13
マルチプレクサ	54, 55
モータ	97
モータ駆動用ドライバ	115
モバイルバッテリー	87

[ら]

ラジコンサーボ	68, 73
リセット	54
ループフィルタ	102, 104
ロータリーエンコーダ	73, 74
論理合成	9, 146
論理合成器	52, 54, 141
論理ブロック	10

〈著者略歴〉

町 田 秀 和 （まちだ　ひでかず）

1962 年 10 月 25 日，京都市に生まれる．
1983 年　舞鶴工業高等専門学校機械工学科卒業，
1985 年　長岡技術科学大学機械システム工学課程卒業，
1987 年　長岡技術科学大学大学院機械システム工学専攻修了．
同年，母校舞鶴高専機械工学科助手，現在同校電子制御工学科准教授．
2013 年　九州工業大学情報工学部で博士（情報工学）学位取得，主にディジタル回路
設計に関する研究および講義を受け持つ．メインの研究テーマは FPGA による各種電
子制御装置の開発，特に PLL モーション制御系の実現．
多芸大食がモットーだが，健康のためサイクリングや散歩を日課にしている．

主な著書
『Smalltalk によるオブジェクト指向プログラミング』（共訳，トッパン）
『PLL の設計と応用［改訂 3 版］』（共訳，科学技術出版）
『いまからはじめる電子工作』（単著，オーム社）

- 本書の内容に関する質問は，オーム社書籍編集局「（書名を明記）」係宛に，書状または FAX（03-3293-2824），E-mail（shoseki@ohmsha.co.jp）にてお願いします．お受けできる質問は本書で紹介した内容に限らせていただきます．なお，電話での質問にはお答えできませんので，あらかじめご了承ください．
- 万一，落丁・乱丁の場合は，送料当社負担でお取替えいたします．当社販売課宛にお送りください．
- 本書の一部の複写複製を希望される場合は，本書扉裏を参照してください．
- JCOPY ＜出版者著作権管理機構 委託出版物＞

FPGA による PLL モーション制御

2019 年 6 月 25 日　　第 1 版第 1 刷発行

著　　者　町 田 秀 和
発 行 者　村 上 和 夫
発 行 所　株式会社 オーム社
　　　　　郵便番号　101-8460
　　　　　東京都千代田区神田錦町 3-1
　　　　　電 話　03(3233)0641(代表)
　　　　　URL　https://www.ohmsha.co.jp/

© 町田秀和 2019

組版 チューリング　印刷・製本 三美印刷
ISBN978-4-274-22370-9　Printed in Japan

好評関連書籍

目に見えない電気を
マンガでわかりやすく解説。

- 藤瀧 和弘／著
- マツダ／作画
- トレンド・プロ／制作
- B5変・224頁
- 定価（本体1,900円【税別】）

電気を解くうえで必要な
高校数学をわかりやすく解説。

- 田中 賢一／著
- 松下 マイ／作画
- オフィス sawa／制作
- B5変・268頁
- 定価（本体2,200円【税別】）

シーケンス制御の基礎を
わかりやすく解説。

- 藤瀧 和弘／著
- 高山 ヤマ／作画
- トレンド・プロ／制作
- B5変・210頁
- 定価（本体2,000円【税別】）

身近な具体例でフーリエ解析の
基礎をわかりやすく解説。

- 渋谷 道雄／著
- 晴瀬 ひろき／作画
- トレンド・プロ／制作
- B5変・256頁
- 定価（本体2,400円【税別】）

【マンガでわかるシリーズ・既刊好評発売中！】

統計学 ／ 統計学 回帰分析編 ／ 統計学 因子分析編 ／ 虚数・複素数 ／ 微分方程式 ／ 微分積分 ／ 線形代数 ／ フーリエ解析 ／ 量子力学 ／ 宇 宙 ／ 電気数学 ／ 電気回路 ／ 電子回路 ／ ディジタル回路 ／ 発電・送配電 ／ 電 池 ／ 半導体 ／ 熱力学 ／ 材料力学 ／ 流体力学 ／ シーケンス制御 ／ モーター ／ 測 量 ／ コンクリート ／ ＣＰＵ ／ プロジェクトマネジメント ／ データベース ／ 暗 号 ／ 有機化学 ／ 生化学 ／ 分子生物学 ／ 免疫学 ／ 栄養学 ／ 基礎生理学 ／ ナースの統計学 ／ 社会学 ／ 土質力学

もっと詳しい情報をお届けできます。
○書店に商品がない場合または直接ご注文の場合は右記宛にご連絡ください。

ホームページ　https://www.ohmsha.co.jp/
TEL/FAX　TEL.03-3233-0643　FAX.03-3233-3440

（定価は変更される場合があります）

A-1607-143

関連書籍のご案内

回路シミュレータ
LTspiceで学ぶ電子回路 第3版

● 渋谷 道雄 著
B5変判・512頁
定価(本体 3700円【税別】)

◆LTspice を使って電子回路を学ぼう！

本書は LTspice（フリーの回路シミュレータ）を使って電子回路を学ぶものです。

単なる操作マニュアルにとどまらず、電子回路の基本についても解説します。回路の実例としては、スイッチング電源、オペアンプなどを取り上げています。

開発元のリニアテクノロジーがアナログ・デバイセズ（ADI）に買収され、業界での利用率が上がっています。また、買収後 ADI の回路モデルが大量に追加され、より利便性が増しています。

主要目次

第1部　基礎編
　第1章　まず使ってみよう
　第2章　回路図入力
　第3章　シミュレーション・コマンドと
　　　　　スパイス・ディレクティブ
　第4章　波形ビューワ
　第5章　コントロールパネル

第2部　活用編
　第6章　簡単な回路例
　第7章　スイッチング電源トポロジー
　第8章　Op.Amp. を使った回路
　第9章　参考回路例
　第10章　SPICE モデルの取り扱い
　第11章　その他の情報

もっと詳しい情報をお届けできます．
◎書店に商品がない場合または直接ご注文の場合も
　右記宛にご連絡ください．

ホームページ https://www.ohmsha.co.jp/
TEL／FAX TEL.03-3233-0643　FAX.03-3233-3440

(定価は変更される場合があります)

A-1905-157

関連書籍のご案内

ARMマイコンによる組込みプログラミング入門
ロボットで学ぶC言語 《改訂2版》

ロボット実習教材研究会 ● 監修
ヴイストン株式会社 ● 編

B5変判・176頁
定価(本体2500円【税別】)

「習うより慣れろ」で課題をこなして Cのプログラムを身につけよう！

　本書は、2011年に発行した『ARMマイコンによる組込みプログラミング入門 ―ロボットで学ぶC言語』の改訂版です。

　プログラミング初心者が、実際にテキストに従って環境構築やサンプルプログラムを作成していくことで、C言語を学べる内容になっています。組込み業界でも世界的に使用されているARMマイコンを使うというコンセプトはそのまま、開発環境のバージョンアップによる内容の改訂と、応用編の内容は、現状に即した開発事例に変更しています。

　具体的には、基本編は教材用のライントレースロボットを題材として使用し、ロボットを制御するプログラムを作成しながらC言語を学んでいきます。応用編では、ロボットの無線化、タブレットとの連携等を取り上げていきます。

主要目次

はじめに
学習の前に
第1章　C言語プログラミングの環境構築
第2章　C言語プログラミングをはじめよう
第3章　ロボットをC言語で動かしてみよう
第4章　拡張部品でロボットをステップアップさせてみよう
付録1　ARM Cortex-M3 LPC1343　仕様
付録2　VS-WRC103LV
付録3　プログラムマスター解説

もっと詳しい情報をお届けできます。
◎書店に商品がない場合または直接ご注文の場合も右記宛にご連絡ください。

ホームページ　https://www.ohmsha.co.jp/
TEL／FAX　TEL.03-3233-0643　FAX.03-3233-3440

（定価は変更される場合があります）